自然传奇丛书

U0806500

火的传奇

曾小穆　李波◎编著

·上海科学普及出版社·

图书在版编目（CIP）数据

火的传奇 / 曾小穆，李波编著 . — 上海 : 上海科学普及出版社 , 2013.1（2024.3 重印）
（自然传奇丛书）
ISBN 978-7-5427-5669-5

Ⅰ . ①火… Ⅱ . ①曾… ②李… Ⅲ . ①火 – 普及读物 Ⅳ . ① TQ038.1-49

中国版本图书馆 CIP 数据核字 (2013) 第 007469 号

责任编辑：胡　伟

自然传奇丛书
火的传奇
曾小穆　李波　编著
上海科学普及出版社出版发行
（上海中山北路 832 号　邮政编码 20070）
http: //www. pspsh. com

各地新华书店经销　天津旭丰源印刷有限公司印刷
开本 787 × 1092　1/16　印张 10　字数 181 400
2013 年 3 月第 1 版　2024 年 3 月第 2 次印刷

ISBN 978-7-5427-5669-5　定价：38.00 元

前 言

火是物质燃烧过程中所产生的现象，火在燃烧过程中会散发出光和热，是能量释放的一种方式。燃烧着的火其实就是氧化反应的表现。我们平时所看到的火没有固定的形态，它会随着粒子的振动体现出不同的形状。火不是个体存在的，它必须有助燃物的支持，其中氧气、燃点和可燃物是必备的三要素，缺一不可。

火能给人类带来光和热，是人类进化过程中很重要的工具。它的用途很广，早期的人们利用火来烹煮食物，避免了吃生食对健康的影响；用火来照明，使黑暗不再显得恐怖；用火来取暖，驱赶寒冷的侵袭；用火来制造工具，生活得以多姿多彩……学会控制火是人类文明发展的一大进程。

早期的人类并不会自己生火，他们使用的火源都来自大自然，如火山爆发残留的火种或是雷电击中树木所产生的火种等。在 100 万年前人类就已经懂得控制并利用火来造福自己，但真正普及到用火技术还得追溯到 40 万年前。直到今天，火仍然是生活中必不可少的元素，每个国家，甚至是每个地区对火都有着不同的看法。

在中国，火是一种图腾，它根植于中国的传统文化中，是五行之一。人们常说木生火，火生土，水克火，火克金，五行相生相克，密不可分。而在古希腊，人们对火多抱有崇敬的心态。古希腊人认为火、空气、水和泥土是构成世界的全部要素，它们以不同的比例混合组成世上所有的一切，是生命活动中不能缺少的部分。总之，火与人类的生活息息相关。

目 录

传奇一

一弦一柱思华年——起源探索

1 宇宙中永恒的火

娓娓道来

宇宙中所有的物质都是有极其微小的粒子构成的，而火是等离子状态的。当物质瞬间发生化学反应释放出能量和光，这就是火了。火本来也是一种释放能量的形式，就如爆炸一个样。只是形式不是物质，所以就没有质量。但是这个形式里面所包含的物质是有质量和体积的。就是说火没有质量和体积，但其燃料却是有质量和体积的。譬如木材、石油和蜡烛。不同的物质燃烧后会有不同的表现形态，木材是固态的燃烧，石油是液态的燃烧，而氢气却是气态的燃烧。

据新的宇宙大爆炸理论，宇宙的原始状态就是一团巨大无比的火球，后来才渐渐发展成今日的这种形态。而今日的宇宙中，有数以万计的像太阳一样的恒星，能够自己发光；也就是说这些恒星都是燃烧着熊熊烈火的大圆球，它们是宇宙中的火。对于我们人类来说，这些火是永恒的，因为这些恒星的寿命长达几十亿年。就算是这

石油开采

些恒星灭亡了，还将会有新的恒星出世，这样宇宙中的火会生生不息，永不灭绝。

地球有46亿岁了。在她刚刚出生的时候，她是一个冒着火光，灼热的大球状态。因为有无数的火山在喷发出炽热的岩浆，这些岩浆在地球表面流动、融合、碰撞，发生了许多化学反应。后来地球逐渐冷却下来，出现了水。火在宇宙中是先于水而存在的，也可以这

火

太阳升起

宇宙中的地球

么说，没有火就没有水，火促成了水的产生。

可是在我们人类的历史中，火又是怎么服务于人类生活的呢？火与人类的关系如何呢？关于火的起源又有什么梦幻美丽的传奇故事呢？请继续阅读下一章节。

视角延伸

产生火的燃料分类

A 型：燃烧固体燃料的火：木头、布料、橡胶、塑料。

B 型：燃烧液体或可液化燃料的火。

C 型：燃烧气体燃料的火。

D 型：可以燃烧的金属火：钠、镁、钾。

E 型：所有 A 型或者 B 型的火如果发生在电器、电线或者任何带电体旁边都是属于这一类型的火。

F 型：燃烧烹调时用的油脂的火。

② 普罗米修斯盗大火

娓娓道来

在西方的传说中，地球上本来是没有火的。人类吃的都是生的东西，茹毛饮血就是那个时候人类的写照。到了寒冷的冬天，人类便会因为没有火取暖冻伤、冻死。那时到了夜晚，整个大地便陷入一片黑暗中，人类多么希望能拥有火呀。

在希腊传说中，火是被众神之王宙斯掌握的，他从来不想把火白白地就送给人类，他自私残忍地提出了很多人类不能接受的条件，他说只有人类满足那些人类不能满足他的条件他才可能给人类火。

这个时候，一个无比善良帅气的神普罗米修斯看到了这一切，他无比地同情人类。在人类给宙斯献祭的时候，普罗米修斯把人类送给宙斯的牛分

艾灸用品

成了两部分：一部分是生的牛肉，但是没有牛皮；另一部分是皮包着骨头，但是浇上了香香的牛油。宙斯狡猾的眼睛一眼就看穿了普罗米修斯的用意，生气地说道："我拒绝把最重要的东西给人类，那就是火！"

普罗米修斯为了让人类能够幸福，就冒着生命危险，从太阳神阿波罗那里偷走了一个火种，藏在麦秆里面，交给了人类。从此人类便拥有了火，人类也就远离了茹毛饮血的野蛮生活。

后来宙斯发现人间有了火种，就知道普罗米修斯偷走了火种，便勃然大怒，他命令火神去惩罚违背命令的普罗米修斯。火神是一个善良的神，便对普罗米修斯说，如果他给宙斯道歉，火神便去求宙斯饶了普罗米修斯。可是普罗米修斯却

众神之王宙斯雕像

加拿大温哥华 2010 冬奥会火炬

说自己是做了正确的事情，没有什么可以道歉的。他愿意为正义的事情承担任何惩罚，他不怕接受惩罚，因为他代表着正义。

火神没有办法，就听从了宙斯的命令，把普罗米修斯带到高加索山，用一条永远也挣不断的铁锁链把他捆缚在一座陡峭无比的悬崖上，让他永远不能入睡，双膝无论多么疲惫也不可能弯曲一下，在他的胸脯上还钉上了一根金刚石做成的钉子。

而恶毒的宙斯还不肯善罢甘休，他命令一只凶神恶煞的老鹰，每天去啄食普罗米修斯的肝脏。可是第二天普罗米修斯的肝脏又会生长出来，接着被老鹰啄食走。就这样普罗米修斯每天承受着无比痛苦的折磨。普罗米修斯这种勇敢和伟大，感动了一位天神。那位天神便用弓箭把老鹰射死，救出了普罗米修斯。

视角延伸

奥林匹克圣火

1936年，奥林匹克历史上第一次举行了令人激动无比的圣火接力仪式。

火炬从希腊开始穿越了保加利亚、南斯拉夫、匈牙利、奥地利、捷克斯洛伐克、德国7个国家，全程3050千米，参加圣火传递的有3331人。火炬所经过的城市都举行了隆重的欢迎仪式，并且设立了专门的祭坛来点火。

圣火起源于古希腊神话传说。普罗米修斯为人类盗取火种的神话传说就是圣火的起源。古希腊在每届奥运会举行之前，都要在赫拉神庙前点燃圣火。现代奥运会创立后，开始的时候并没有沿袭这个传统。1920 年的第 7 届安特卫普奥运会上，为了悼念在第一次世界大战中死去的人们，主办方才在主会场点燃了象征着和平的火炬，但是没有进行火炬传递活动，也没有从古奥林匹亚采集火种。1934 年，国际奥委会决定，在奥运会期间，从开幕到闭幕，主会场要燃烧奥林匹克圣火，并且火种要从古奥林匹亚采取，还要以火炬接力的形式传递到主办城市。从此以后，传递奥林匹克圣火成了奥运会必不可少的一个仪式。

3 中国的钻木取火

娓娓道来

钻木取火就是用木头钻木头，高速的旋转产生了热量，当热量上升到一定程度以后，木头就会燃烧，从而就产生了火。关于钻木取火还有一个古老的传说故事，这故事告诉了我们钻木取火的来源。

在1万多年前的中华大地上，有一个古老的国家。这个国家不能识别四季的更换，也不能辨别白天和黑夜。人们都是长生不老的，每一个人都不会死去，如果生活得厌烦了便可以升天去做神仙。在这个古老的国家里面有一棵巨大无比而且神圣的树木，叫做燧木，另外它还有一个名字叫做火树，占用的地方有1万多平方公顷，云彩雾气缭绕在这棵大树中间。那时候有一种鸟名字叫鹗，经常用嘴去啄这棵树，便会发出火光。有一位圣人叫燧人氏，他长得膀大腰圆，体格健美，英俊潇洒，还多才多艺，更重要的是他有一双能发现新事物的眼睛。燧人氏具有常人所没有的能

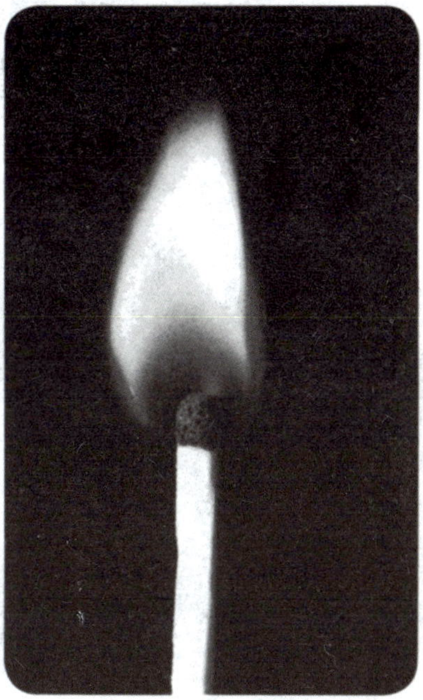

火柴

力，他具有超人的创新能力。他从鸟啄大树发出火光中得到了很大的启发，就暗中默默深思：我能不能发出光呢？我能用什么东西来钻这棵树？

经过一段时间的观察和实验，燧人氏发现了钻木取火的道理。他发现了这个道理并灵活地运用，他不仅能在这棵树上钻出火还能在普通的树上钻出火来。这样他就掌握了一个独特的技能：生产火。那个时代，人们还都不会自己发明火，人们生活在黑暗中，生活很是艰辛，充满了危险和苦难。因为野兽经常袭击人们，如果有了火，野兽就不敢袭击人类了。燧人氏没把这项发明技术据为己有，作为一个生财的道路，而是无私地传授给了人们。从此人类就掌握了生火的方法，那些野兽再也不敢在夜晚袭击人们了。燧人氏也一直被人们爱戴着，被人们尊称为圣人。

土著人钻木取火

视角延伸

黎族的取火术

根据民俗学的调查得知，黎族聚居的地区，到了今天竟然还保留了人工取火的方法。黎族的这种钻木取火是古代人们各种取火术之一，它具有鲜明的地域特色和民族文化意韵。

到了现代社会还保留着钻木取火的地方有保亭、昌江、东方等黎族聚居地。他们这种钻木取火的方法是特别古老的方法，是世代相传的。由于受到新文明冲击较小，所以保留了下来。

根据一位黎族老人的介绍：钻木取火的工具一共分成两个部分，一个为钻竿和弓木，一个为钻火板，两样东西配合使用才能钻取出火来，钻火板需要选择干燥容易燃烧的木料方成，钻杆儿要粗细均匀适中，在取火的时候要运用一定的技巧，如果仅仅依靠蛮力是难以取出火来的，就是出现了火星也看不到。如果想让火星变成燃烧着的火必须要用一种媒介物，就是用容易被引燃的芯绒、芭蕉根纤维、棉絮等，而且还要在恰当的时机方可达到取火的目的。

4 地心之火

娓娓道来

根据有关专家和学者的推测，我们人类居住的这颗无比美丽的地球的中心温度可以高达5000℃，里面的物质可以说是流动着的火。

地心的主要成分是铁、镍组成，这些金属被高温、高压改变为不是我们现实生活中所见的铁和镍了。它们都是一种流动状态或者火的状态，因为高温必然跟火有极大的相似处。

地心中这些流动的液体，是通红、高温的，是不稳定却密度极大的。我们地球表面最坚硬的金刚石如果被放在地心的话，也会像口香糖一样的柔软。这种状态就如燃烧了一样，是被熔融了的，是液体火，是火的一种特殊状态。

钻石

地心距离地球表面有5000千米，占地球质量的

60%，可见其密度相当大。地球本身所具有的温暖很有可能是由于地心火所维持的。

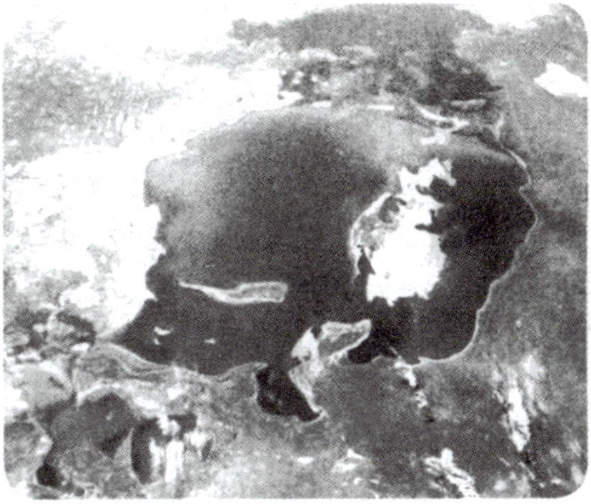

地球表面

据我们的日常生活经验，如果我们朝着地下挖一个深洞，越往下温度越高。我们可不可以假设就是因为地心火的原因呢？这种假设是完全可行的。

地心火不同于一般的火，它没有我们日常生活里面所见到的火的形态，没有火光，没有火焰，只是

海啸

一种融化了的金属状态。而这却是真正的火，一种我们所不能见到却能感觉到的火。

地球的火山活动告诉我们一个事实，就是火山所喷发的岩浆是从地心来的。地球核心部位里面的岩浆就是金属和其他物质的液态，这种高温的物质其实就是一种液态火。液态火能够产生巨大的能量，产生了许多自然现象。据说，地震、海啸、飓风等自然现象就与地心火有关。具体的原因现在科学家们还没有完全探究明白，还需要新一代的科学家进行科学研究，从而造福于全人类。

地心火也是一种很好的资源，如果人类能很好地利用地心火，那么人类在21世纪甚至更未来的时代里面，能源危机就能得到有效的解决。

视角延伸

地球的内部结构

地球是由3个同心的球层组成，这3个同心的球层分别为：地核、地幔和地壳。

而地球的内部结构是分层的，内部结构是指地球内部的分层结构。根据地震波在地下面不同的深度、传播速度的不同和变化，一般将地球内部分为3个同心球层。

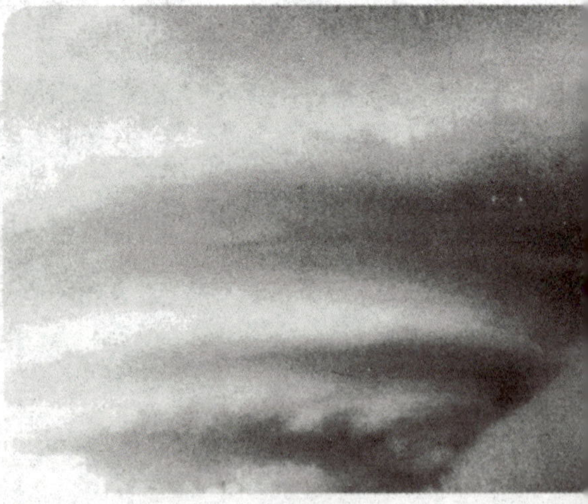

飓风

中心层是地核，中间的就是地幔了，最外边就是我们生活的地方——地壳。地壳与地幔之间是被莫霍界面隔开的，地幔位于地壳之间，被古登堡界面隔开。地震一般都是发生在地壳中。地壳内部在不停地变化当中，每时每刻都在变化，从而在这种变化中产生了力的作用，造成了地壳岩层变形、断裂、错动，于是便发生了地震。超级地震是因为震波特别强烈而造成的大地震，破坏力可以是原子弹的好几倍，所以超级地震的影响是巨大而广泛的，同时它的破坏力也是十分惊人的。

5 太阳上的火

娓娓道来 太阳是一个巨大无比的火球，每时每刻都在进行着激烈的燃烧活动。太阳的内部结构可以分为 3 个层次：核心区、辐射区和对流区。

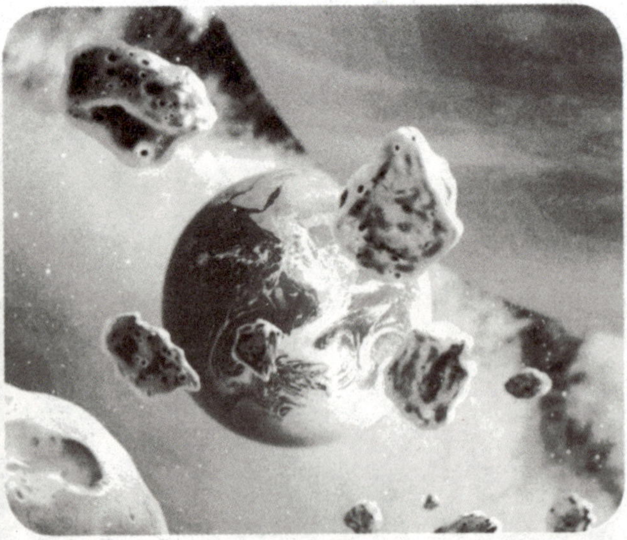

陨石

太阳核心区域的半径是整个太阳半径的 1/4，但是质量却是整个太阳质量的 1/2。太阳核心的温度高达 1500 万℃，压力也极大，从而提供了核反应的条件，可以释放出巨大无比的能量。这些被释放出的能量通过辐射层和对流层中的物质传递，就到达了太阳光球的底部，同时通过光球向外辐射出去。

我们肉眼看到的太阳只是太阳的光球部分，是太阳的圆面，通常我们所说的太阳半径其实指的是光球的半径。光球是由无数的燃烧火苗组成，火苗高达几千米。光球位于对流层外边，属于太阳大气层中的最里层或者最底层。光球的表面状态是气态，它的平均密度只有水的几亿分之一，由于光球的厚度达到了 500 千米，所以我们看到的光球是不透明的。光球层的大气中发生着激烈的运动，如果我们用特别的天文望远镜来观察的话，可以看到光球的表面有许许多多的斑点状结构物，它们很像一颗颗米粒，我们称之为米粒组织。这些米粒组织是极其不稳定的，一般持续存在的时间只有 5 ~ 10 分钟，它的温度要比光球的平均温度高出 300℃ ~ 400℃。

光球表面另一种著名的活动现象就是太阳黑子了。太阳黑子是光球层上的一种巨大气流旋涡，它们的形状多数显示为近椭圆形。虽然它们也是熊熊

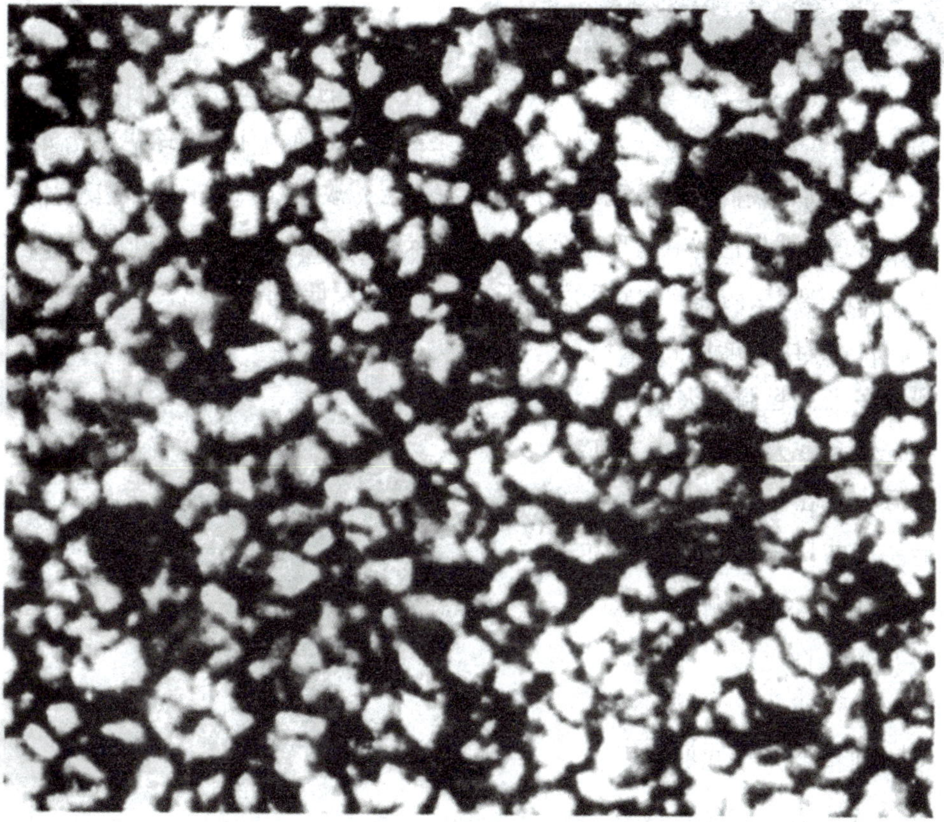

光球层的米粒组织

火苗

烈火，但是在明亮的光球大背景衬托之下却显得比较暗，可是它的温度高达 40000℃左右。倘若我们能把太阳黑子单个的取出来，一个大的太阳黑子所发出的光芒相当于月亮满月时候的光芒。太阳表面黑子出现的情况不断变化，这种变化反映出了太阳本身辐射能量的变化。太阳黑子变化有着周期性，活动周期平均为 11.2 年。

色球，紧贴着光球以上的一层被称为色球层，平常我们是不能观察到色球层的。以前这个区域如果我们想观察到的话必须要等到日全食的到来。当月亮遮掩住了光球明亮光辉的那一个瞬间，我们可以发现日轮边缘上有一层若玫瑰红一样的绚烂边缘，非常美丽，那就是色球。色球厚度约 8000 千米，它的化学成分基本上跟光球一样，但是色球层内部的物质密度和压力要比光球层低了许多。

在色球上我们可以看到许多飞腾起舞的火焰，就如一个个巨大无比的火龙在跳舞一样壮观，令人叹为观止，这就是在天文学上所谓的“日珥”。日珥是瞬息百变的一种活动现象，它的一次完整的活动时间也就是十几分钟。日珥就如地球上空的云彩一样，千姿百态，有的若

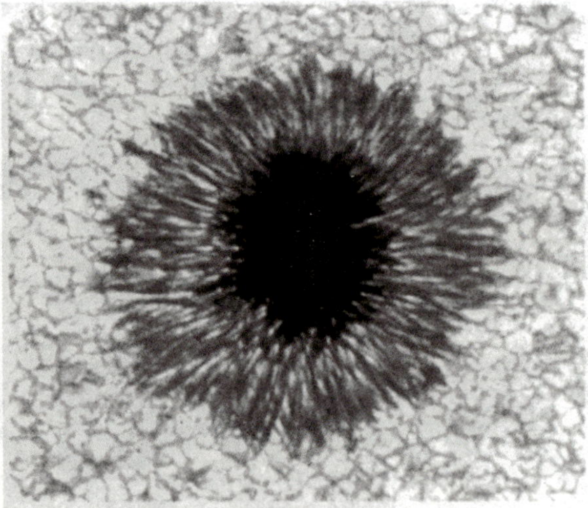
太阳黑子

游龙戏凤，有的若飞流急湍，有的若龙虎相斗，有的若草丛团团，有的恰似一架彩虹桥，不胜枚举。天文学家们根据日珥形态变化的规模大小和速度快慢，把日珥分成爆发日珥、活动日珥和宁静日珥三大类。其中最为壮观的要数爆发日珥。当平时平稳活动的日珥，猛然地大发雷霆，怒火冲天，

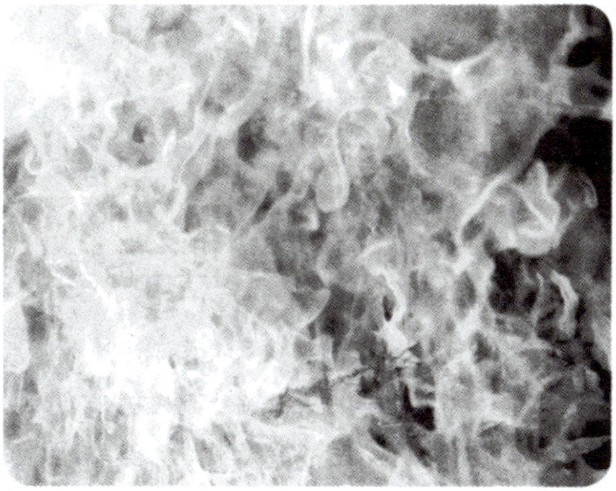

烈焰

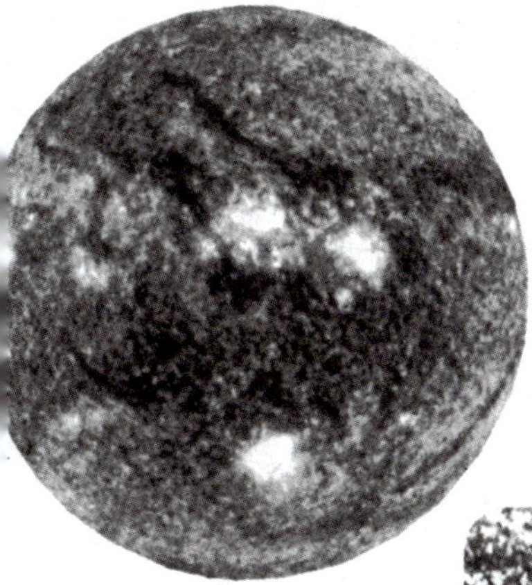

耀斑

气体物质被抛射到空中，然后又在空中转了一个身回到太阳表面，形成一个环状，因此这种日珥又称为环状日珥。

除此之外，还有日冕、耀斑等奇观。

南京紫金山天文台

耀斑——那一刹那的灿烂

太阳耀斑是太阳“发脾气”后产生的一种奇异的太阳活动现象。当太阳剧烈活动的时候，在色球层中，色球会爆发，就如上百亿枚百吨级的氢弹同时爆炸一样。

耀斑的爆发突然，结束的也快，耀斑的生命一般只有几十分钟甚至更少。但是一旦耀斑爆发，它的亮度是惊人的，能一下子就把人的眼睛刺瞎。所以我们不要用肉眼直接看太阳。

耀斑对地球的空间环境造成很大的影响。太阳色球层中一声爆炸,地球大气层中便会产生萦绕不断的声音。其中产生的大量粒子飞入大气层中，将会对人类的宇宙飞行器产生重大危害。另外，极光和地球的磁暴也是由于耀斑的原因。

视角延伸

6 生火之物

娓娓道来

生火之物就是指可燃物，根据可燃物的燃烧性质，自然界中可燃物分成许多种类。只要是能跟空气中的氧气或者氧化物生成燃烧化学反应的物质就称为可燃物。

可燃物，我们根据它们的物理状态，分成了气体可燃物、液体可燃物和固体可燃物3种类别。可燃物从其化学成分来看，它们大多含有碳和氢的化合物。但是某些金属，如镁、铝、钙等在某些条件下也可以燃烧，还有许多物质也可以在高温的情况下通过自己的分解而发出光和热。

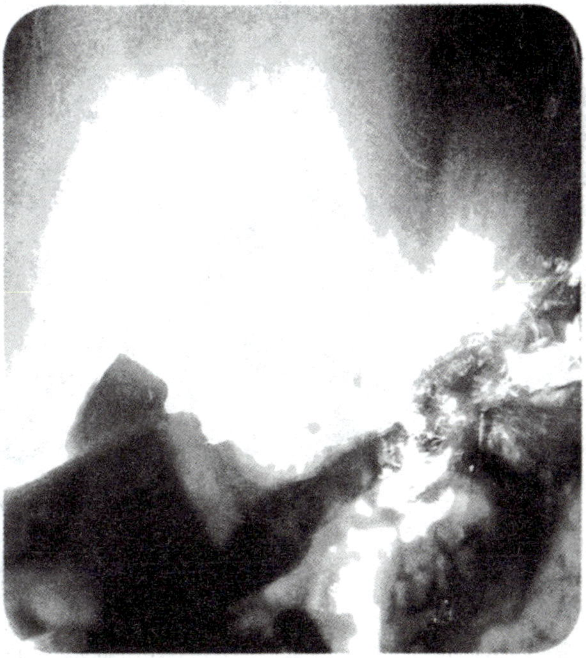
燃烧

燃烧分为完全燃烧和不完全燃烧。

通过实验得知，绝大部分有机物和少部分无机物都是可燃物。可燃物的种类繁多，不可计数。根据化学结构的不同，可燃物分为无机可燃物和有机可燃物两个大类别。

无机可燃物中的无机单质为钾、钠、钙、镁、磷、硫、硅、氢等。

有机可燃物为一氧化碳、氨、硫化氢、磷化氢、二硫化碳等。有机可燃物也可以分为低成分子和高成分子，又可以分成天然的和合成的。

根据可燃物的物态和火灾的危险特性的不一样，根据危险货物的分类方法，采取当中有燃烧爆炸危险性的种类，再加上一般的可燃物，可以把可燃物分成六大类别。就是：爆炸性物质；自燃性物质；遇水燃烧物质；可燃气体；自燃与可燃液体；易燃、可燃和难燃固体性等。应该指出的是，氧化剂中的有机过氧化物等，因为它们自身能够分解并可与含碳元素结合，故其亦可以是可燃物质。此外，爆炸性物质一类中某些爆炸性化合物中含有氧元素。

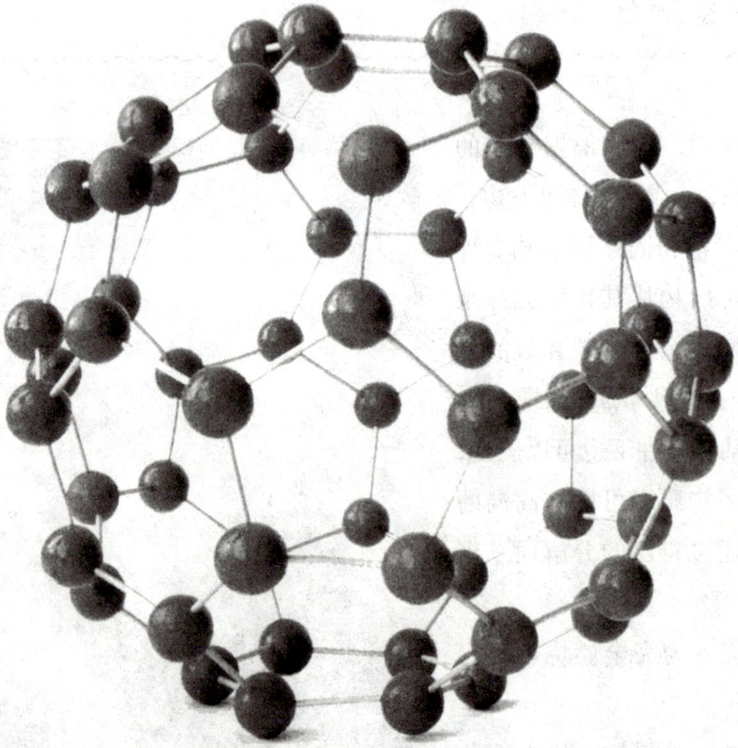

碳原子结构模型

视角延伸

爆炸性物质和自燃性物质

点火器材：导火索、点火绳、点火棒等。

起爆器材：导火索、雷管等。

炸药以及爆炸性药品：环三次甲基三硝铵、泰安、硝基胍等。

其他爆炸品：猎枪子弹、小口径子弹、信号弹、礼花弹、演习用纸壳手榴弹、焰火、爆竹等。

一级自燃物质：黄磷、硝化纤维胶片、铝铁溶剂、三乙基铝、三异丁基铝、三乙基硼、三乙基锑、651除氧催化剂、铝导线焊接药包等。

二级自燃物质：油纸、油布、桐油漆布、油绸及其制品，以及植物油浸渍的棉、麻、毛、发、丝及野生纤维、粉片柔软云母等。

7 火的图腾崇拜

娓娓道来 图腾是什么呢？所谓的图腾就是原始时代的人们把某种动物、植物或者非生物等当作自己的亲属、祖先或者保护神。

他们相信这些图腾有一种超自然的能力，会保护族人及保护自己，并且通过图腾他们还能获得他们需要的力量和技能。在原始社会里，图腾实际上不再是一个非人的东西而是被人格化了的崇拜对象。图腾是以崇拜对象而存在的，主要的不是在于它的自然形象本身而是在于它所能体现的血缘关系。图腾的崇拜，其意义就在于能够确认氏族成员在血缘关系上的统一性，原始社会对于血缘关系持有与现代截然不同的看法。

原始图腾

原始人类刚开始的时候并没有掌握火的使用，火就变成了一种特别神圣的东西。

因为火可以给原始人类提供热量、照明、熟食、安全感等，另外火作为一种自然现象，原始人类并不能理解这种现象。特别是当电闪雷鸣后，某一棵树被雷电击打后燃烧，他们会认为这是神仙的火，火就变成了神圣的物件。

后来人们渐渐懂得了火的使用，会人工取火，更加体会到了火的好处，便越加认为火是上苍对人们的赠予，格外看重火这个东西。于是在原始崇拜中，有的族群便把火当作了本民族的图腾崇拜。

图腾的演变经过了三个阶段：

第一，出生阶段，从这个时期开始，图腾对自然形态极为相似。

第二，鼎盛阶段，这个时期，生产力已经得到了一定的发展，想象力也提高了。

第三，先意识加强，形成了图

打火机

祖先神柱

腾的拟人化。初民把图腾对象赋予了我们人类的某一些特征。

图腾对象开始转入对祖先的崇拜。

第一，每一个氏族都有自己的图腾。

第二，他们认为本氏族祖先与图腾有血缘关系。

第三，图腾具有某种神秘的力量。

第四，图腾崇拜中，有着一些不可以触及的禁忌。

第五，拥有同一个图腾的氏族成员是一个整体。

火图腾是三个阶段的第一个阶段。是比较低级的图腾崇拜，但是也是最原始的。

视角延伸

火把节

火把节是彝族、纳西族、基诺族、白族、拉祜族等火把节民族的古老而特别重要的传统节日之一，有着深厚的民俗文化内涵和底蕴，闻名海外，被西方称为“东方的狂欢节”。

不同的民族举行火把节的时间是不相同的，但是大多数是在农历六月二十四日，主要活动有斗牛、斗羊、斗鸡、赛马、摔跤、歌舞表演、选美等。在新中国成立后，特点是改革开放以来，火把节又被赋予了新的民俗功能，生成了新的形式。

彝族人民认为庆祝火把节能让他们的稻穗长得像火把一样粗壮。后来的人用这个来祭祀火从而驱除家里面的妖魔鬼怪邪气，来保障人畜平安。在节庆期间，各个民族的男男女女青年人点燃了松木制成的具有独特香味的火把，到村寨田间跑啊跳啊欢呼。

白族和纳西族在火把节时要举办盛大的耍火活动。大家爬上大树，在身上系上红花，象征着“红花火树如炬燃”。当天上出现了第一颗闪烁着光芒的星星后，人们便人手一把燃烧着的火把，载歌载舞，围绕着“红花火树”唱颂歌。

传奇二

时人不识余心乐——特征属性

1 火的本质

当夜晚来临，黑暗笼罩了大地，我们都会打开明亮的各种灯具，提供光明，从而能继续工作、学习和生活。

娓娓道来

烛光

停电时，屋里漆黑一片，伸手不见五指，我们通常会点燃一支蜡烛，在蜡烛它那缓缓跳动的火焰发出的光下学习看书。有时候我们会呆呆地看着那些跳动的火焰，心里面不禁要问：这跳动的发着光和热的东西到底是什么呢？如果你心里有了这个疑问，说明你有一双善于发现问题的眼睛和喜欢思考的大脑，是一个好奇心特别强的人，要知道，好奇心是一切科学发现的前提。

那么火到底是什么呢？有人会说，火就是蜡烛。可是蜡烛是固体的呀，火可不是固体的哦。可能又有人说了，火就是蜡烛油，那么蜡烛油是液体的呀，火也不是液体的，当你用手指飞快地穿过火苗后，你的手上并没有留下蜡烛油的痕迹,这说明火也不是液体。那么你或许会说了，火是气体。我们暂且不下结论，但是说火是气体的已经对了一小部分了。火跟气体有许多的相似之处。

现在让我们一起来看看火到底是什么吧。

凤凰

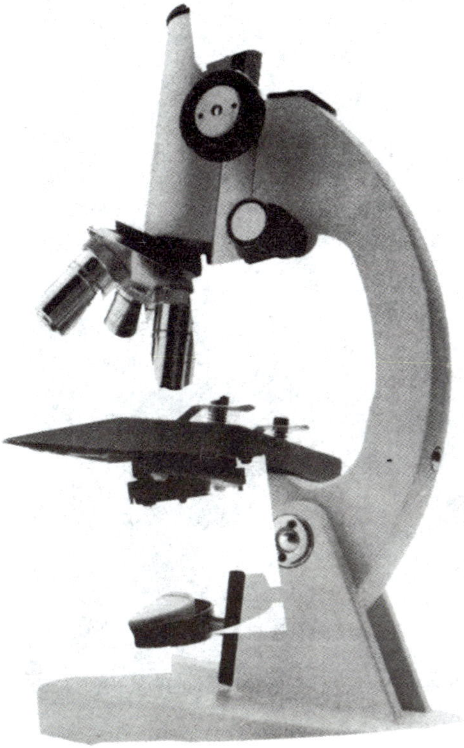

显微镜

我们先说火是怎么产生的。火的产生必须要有可燃物，譬如蜡烛还有蜡烛的灯芯儿；还需要有帮助燃烧的气体，譬如空气中的氧气；另外，一个要素也是不能缺少的，就是温度，不同的物体达到燃烧时的温度是不一样的。当可燃物、助燃气体和温度都达到要求之后，火就产生了。

当物体的温度开始升高的时候，物体里面最小的组成部分开始运动了。物体最小的组成部分就是原子，我们用肉眼是根本看不到的，只能通过电子显微镜才能看到。这些原子开始运动，当温度达到极高的时候，原子也开始分裂了。原子是由原子核和电子组成的。原子的分裂就是电子脱离原子核飞向空中，并在这个时候发出一种更加微小的物质——光子，光子正是我们看到的光。而电子运动，离开原子核的同时发光也发热，这就是火产生了热量，当我们把手靠近蜡烛火焰的时候，我们会感到灼热，就是电子在极为高速的运动中发出的热量，也叫做能量。科学家们把电子离开原子核在空气中运动的状态叫做电离，而火的状态就是许多电离子的运动组合，是一种等离子状态。所以火是一种等离子的运动。

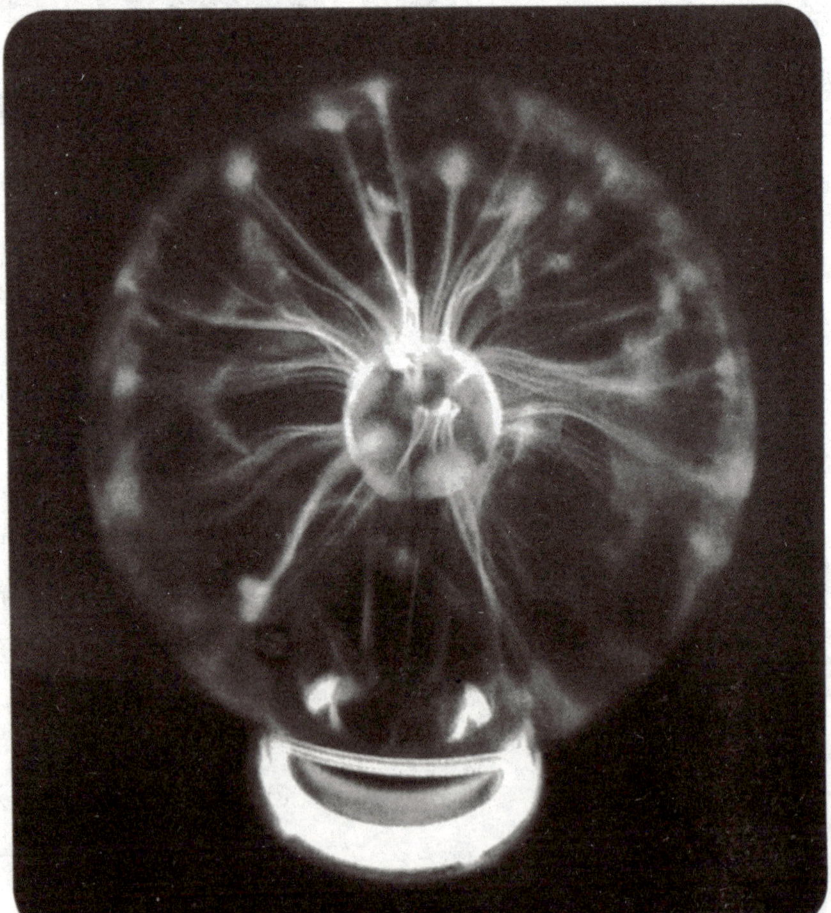

等离子球

而火发热的过程其实是电辐射。在火中，发出的光，它是一种微观的物质，也是一种能量。就是说能量或者说热量其实也是一种存在的物质，因为它们太过微小，是一种极为渺小的粒子运动，所以我们都以为这是能量的释放形式而不是我们肉眼所观察中的物质存在体，但它和我们眼中看到的物体其实是一样的，只是它们的形体过于微小罢了。所以，我们说火的本质是光和热辐射，是物质，也同时具有光能和热能。

黑粒子

视角延伸

火之意志

日本动漫《火影忍者》中有一个名词，特别有意义，叫做火之意志。火之意志是一种特有的积极向上的精神品质，这种精神品质是人类各种精神品质中的一种。

漫画中的含意是：只要有树木的地方，就可能有树叶在空中飞舞飘荡，飞舞的树叶落在大地之上后就会有热烈的火在燃烧，燃烧的大火冲天，火的影子映照着不远处的村庄。在这个过程后，那些枯落的黄叶会在燃烧后生出新的生命，新的树叶会再次在大树上萌芽，给人们一个新的希望。对于“火之意志”，通常有两种理解。

第一种理解是：一代代的火影传递着它们伟大的精神信念，直到今天这种信念仍然没有消失，反而更加发扬光大。火之意志就是我们要保护我们身边重要的人，不让他们受到伤害。

第二种解释是：火之意志——寻求生命的意义，永远不向困难低头服输的精神，团队合作的精神，一个人生活在人世间不仅仅是要为了自身的生命，而且每一个人都可以像夜空中的星星一样发出自己微弱的光芒来照射大地，每一个人都可以通过自己的努力来帮助他人，奉献社会，每一个人都可以通过坚忍不拔地奋斗来改变自己的命运，只要坚持不懈的奋斗就一定能够获得成功。就算我们在生活里面遇到了很多困难，我们依然要有信心有毅力去克服困难战胜生活的厄运，用积极乐观的态度来对待我们的人生，让人生这一片光彩夺目的天空常常在我们心中。在影片里面正是因为忍者有了这种火之意志才拥有了真正的力量。

2 火的简单形态

娓娓道来

日常生活中我们对于火并不陌生，我们每天吃的饭菜几乎都要靠火来加热、升温和烹饪。家里做饭用的煤气灶会吐出一圈儿青色的火，没有电的时候蜡烛会发出扑腾腾的黄色火焰，化学实验用的酒精灯也有淡淡的一跳一跳的火，在电视节目里面我们也看到过某个地方发生了火灾后那种好像飞龙一样冲天的大火，在电视剧《西游记》里面的火焰山上的漫无边际的大火冲天，孙悟空被关进八卦炉里的和红孩儿嘴里面吐出的三味真火，还有火箭升空的时候喷射的大火等，太多了，不胜枚举。或许你见过这些火已经司空见惯，可是你知道火到底有什么形态特征吗？

我们拿酒精灯发出的火来说。酒精灯的火苗儿比较弱小，如豆粒一般，静静地燃烧。这种火，从外形上观察，不难得出它分成3个部分：外焰、内焰和焰心。

彝族火把节

外焰的温度最高，所以我们给试管加热的时候通常利用外焰；内焰的温度稍低一些，焰心温度最低。这是火的3个外在的

酒精灯的火焰

组成部分。另外火也是有颜色的。

不同的燃烧物所产生的火的颜色是不同的。这是因为，在火焰中含有一种物质，叫做“煤烟”，这种物质的含量决定了火的颜色。我们点燃一支蜡烛，蜡烛燃烧发出的光是红色。如果我们把一个铁板放到火焰上炙烤一会儿，铁板会有黑黑的一片，那黑黑的一片就是“煤烟”，煤烟造成了蜡烛的颜色是红色。煤烟在高温加热的状态中是一闪一闪的，这就把火的颜色改变了。但是我们家里用的煤气炉子，打开后，我们仔细观察会发现煤气炉的火焰是蓝色的。因为煤气里面含有的煤烟量特别少的原因，所以煤气炉发出的火是蓝色的，温度也相对高了许多。从温度上说的话，蜡烛的火焰温度大约是1000℃，煤气炉的火焰温度可以达到3000℃。

另外，木头火的温度能够达到1000℃以上。木炭火的温度能够达到

火箭弹的发射

1200℃以上。酒精灯的外焰温度为400℃～500℃。酒精喷灯却能达到1200℃。天然气的温度就高得多了，至少能够达到3000℃。

视角延伸

火柴

火柴有一个特别的名字，在中国，叫做洋火。因为中国的火柴生产技术是从国外引进的，所以叫做洋火。但是中国的历史书上却说中国在南北朝的时候就已经产生了火柴的雏形，至于西方国家后来发明生产的火柴是马可波罗从中国学到了技术后传授到西方的，西方的人受到中国的启发才发明了近代意义的火柴。可是在西方史书里面古罗马的时候，西方人早就发明了原始的火柴，所以中国所说的马可波罗把火柴技术传授到西方是不能够成立的。

西方是真正火柴的发源地，这是毋庸置疑的。在1826年一个德国人就发明了近代意义的火柴，这种火柴的火柴头是用化学药品制造的，其中就有一种特别容易燃烧的白磷。这种火柴在砂纸间摩擦生热便能够燃烧，引燃火柴棒。1852年，瑞典人发明了安全火柴，火柴头的主要成分是硫和磷的化合物，这种火柴头就安全得多了，人们就可以随身携带这种火柴，给生活带来了很多便利。

3 火与人类的饮食

娓娓道来

在遥远的古代，原始的人类还没有掌握运用火时，吃什么呢？吃野菜、野果，狩猎后杀了猎物直接喝生血吃生肉，很多人因为饮食不卫生，生病了，最主要的是消化道方面的疾病，所以那个时候人的寿命很短，平均才十几岁。慢慢地，人类逐渐积累了生活的经验，经过思考、发现、创新，人类终于用自己的智慧制造了火。火产生之后，人类就开始利用火烹饪食物。

哪吒

当时应该是有些人发现用火烤过的肉类，比较容易消化，而且味道也好。所以原始人类就开始用火烧烤各种肉制品。那时候人类的主要食物除了植物的果子就是烤肉了。

人类在漫长的烤肉生涯中，渐渐发现不同的火候，烤出的肉味道是不一样的。聪明的人类开始研究什么样的火候才能烤制出最美味的肉来。于是原始的烹饪师就出现了。或许叫烤肉师最恰当，因为那个时候还没有锅也不可能会在锅里面烹饪食物。

原始人

可是这种直接在火上烤制的食物对身体健康也是不好的，另外人们想喝热水的时候，就用石头一类的东西制成了器具，装了水放在火上烧。后来又有人往水

烤肉

里面加一些自己种植或者采集的植物种子，也有人加上肉，还有人加上了一些盐粒或者辣椒。在大火的烤烧下，一锅食物被煮熟了。人们吃过后觉得不错，就记住了这种烹饪方法，以后代代相传。

进入文明社会后，人类已经积累了大量关于怎么利用火来促进饮食的经验知识。这方面成就最大的就是我们伟大的中华民族，中华民族是一个注重美的民族，所以中华民族对食物美味的追求达到了人类的顶峰。

火石寨云台山

当人类控制火候达到随心所欲的时候，人类就开始注意到火候对烹饪重要性。古代文章中有过记载的，第一次谈到火候对烹饪的重要性的书是《吕氏春秋·本味篇》。在这本书里面写道：做大臣的依咿对大王商汤说，大王啊，这个食物味道好坏的根本在于水的多少和水的清浊。烹饪食物的时候依据酸、甜、苦、辣、咸这5种味道和水、木、火这3种材料来施行烹饪之术。在那个大锅里面有9次沸腾的话就会有9种味道的变化。但是这9种变化要依靠对火候的控制方能恰到好处。有的时候要用文火来清除腥味、骚味、膻味，这里面的奥秘就在于如何掌握火候了。只有掌握了用火的规律，方能把臭的东西变成香的。但是调味呢，必须要用酸、甜、苦、辣、咸这5种味道，但是放调料的先后和到底要用多少量，它们的组合搭配是很玄妙的。大锅里面的变化，也是精妙而细微的，无法用语言来形容描绘，此处可谓是只可意会不可言传也。

烹饪需要掌握火候

视角延伸

《随园食单》关于火候的阐述

袁枚是清朝的一名文学家，可是他对烹饪却有着自己的独到见解，在他所著的《随园食单》一书里有关于火候的精彩论述。

文中说，烹饪食物关键在于掌握火候。煎炒食物必须要用旺火，若是火力不足，煎炒出来的食物就会疲软无筋道；煨煮食物要使用文火慢炖，若是火势猛烈，食物就会因失去水分过多而干瘪；若是需要在水汤里面煮熟的食物就要先是旺火，然后文火。若是心急老是用旺火，食物就会外焦而里不熟。此外，对于特别食物，他还有自己的独特见解。如果是腰子、鸡蛋这样的食物，越煮越嫩。猪肉熟了就必须要起锅了。只有这样，猪肉的颜色才能红润，起锅稍迟的话就会让肉变黑。烹饪鱼肉的话，若是起锅晚了，活肉都会变死的。在烹饪过程中，开锅的次数多了，做出的菜就会沫子很多，香味却会减少许多。若是火灭了以后再次起火烧食，菜就会因为油流失而失去了美味。

袁枚还说，道家需要 9 次循环转变方能练成真丹，而儒家就不需要做过头了，但是又要功夫到家方可。厨师需要正确掌握火候，谨慎操作，才算基本掌握了烹调之术。掌握了烹调之术的厨师做出的鱼，上席的时候还要是色泽白如玉，肉凝不散乱。这种肉是活肉。如果色泽白如粉，松而不黏的鱼肉，就是死肉了。

4 火的医用价值

娓娓道来

中国医学有几千年的历史，可谓是源远流长，博大精深。在绚烂的中国医学宝库里面，火的作用也占了一席之地。其中最著名，应用最广泛的要数火疗了。

火疗是清朝的时候，宫廷的医生，就是太医们，根据中国传统医学腹脏、经络、气血理论、循环、消化、代谢理论，在古代蒸熏疗法、民间热敷疗法、道教火烧疗法和中医祖传秘方的基础上，研究得出的宫廷秘方。由后人发现后整理、改进，具有快速和辅助治疗的功效。

伏羲八卦

火疗具备了中西医治病的功能；它不同于针灸、按摩、刮痧、拔罐，但是它具备了它们共同治疗的效果，它是东方医学和西方医学结合的产物，它是一门新型的科学。

火疗具有的功效：调动人体全身气血、疏通人体全身经络、活化人体全身细胞、祛除体内风寒湿热毒等。对于酸麻胀痛兼具有立竿见影的功效。

施行火疗的患者需要趴在床上或者仰卧在床上，露出需要医疗的皮肤。医生一般要用事先准备好的干燥毛巾盖住患者露出皮肤的地方，这些干毛巾的作用就是防火，叫做防火墙。然后再把事先预备好的三角形状的医用毛巾均匀地放在防火墙上，用针管往上面喷射酒精，一般喷射 3~4 针管的酒精，就用打火机引燃酒精。酒精燃烧放出蓝红色的火焰。患者如果感到不适就要告诉医生，医生会用火龙液帮助患者消除不适感。当酒精产生的火燃烧了一小会儿后，就用一条湿毛巾盖住火，使其熄灭。稍等片刻后，再揭开湿毛巾，注射酒精、点火，燃烧一会儿，再盖灭火。除去所有毛巾，在患者露出的皮

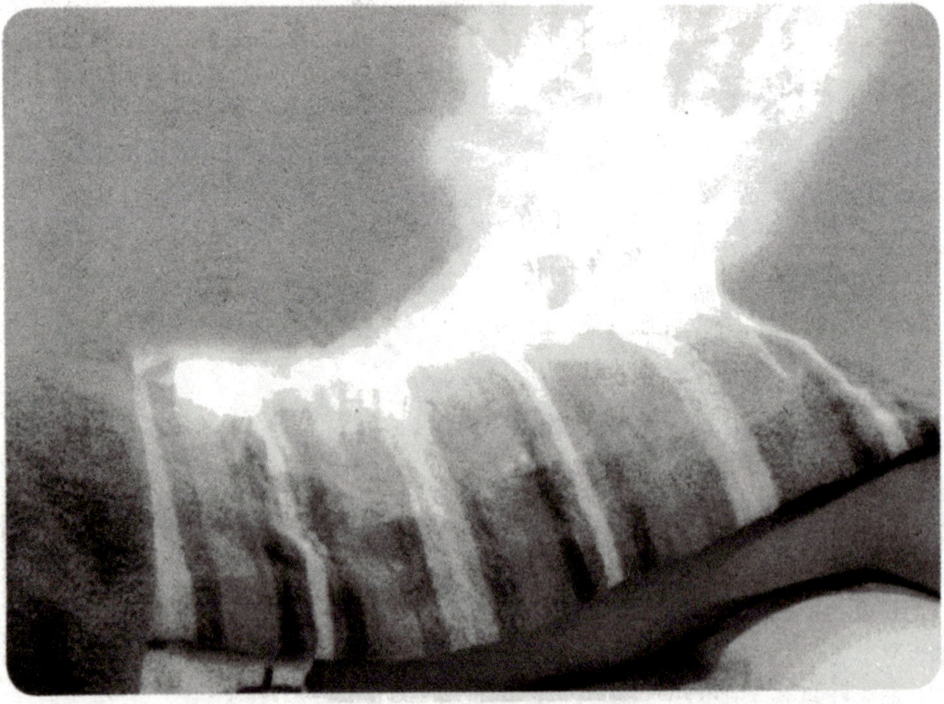

火疗背部

肤上涂抹上火龙液，按摩十几分钟后，给患者盖上被子或者毛毯，令患者休息 40 ~ 50 分钟，便完成了治疗过程。

除了火疗以外，拔罐、针灸等也是跟火有着密切联系的医用方法。

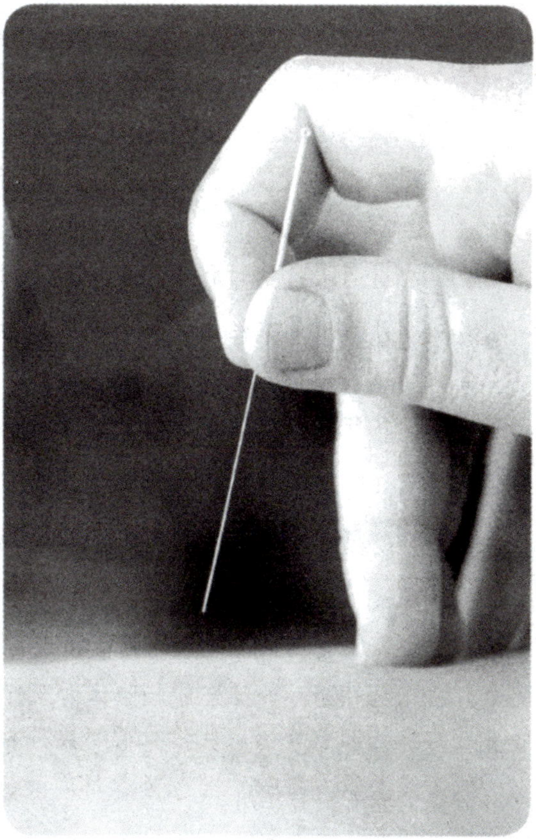

针灸

火龙液

视角延伸

火龙液

在进行火疗的过程中，有一种药物是必不可少的，那就是火龙液。火龙液是采用了古老而独特的配方，精选多种名贵地道药材精心研制而成的纯中药制剂。火龙液含有60多种人体所必需的元素。吸收好、效果显著，药物不经过消化系统，而是经过加热后与皮肤接触浸润，透过表皮吸收、渗透到体内的毛细血管，通过毛细血管进入人体内，从而令药物到达病灶。火龙液可以调动全身气血、打通全身的经络、活化全身细胞，做到有病治病、无病强身的功效，是日常保健的最佳选择的一种药物。

第一，火龙液具有通经活络、活血化瘀、消炎止痛、祛风通络、促进新陈代谢的作用；此外还能祛除体内风湿寒热毒等。火龙液能够治疗的病症不仅仅限制于关节炎、肩周炎、神经衰弱、便秘、四肢麻木，还对人体各种癌症有着预防作用。

第二，火龙液具有通经活络、通达关节、有效改善十二经脉中的血液循环，经过皮下毛细血管渗透人体的筋肌关节内，清除微血管里面的瘀滞血液，恢复微循环功能，让麻痹的经络兴奋，从而形成一种具有治疗各种类型风湿病的独特功效。

5 火的艺术

娓娓道来

早在原始时期，人类已经学会用黏土制造简单的器具。

当大自然发了脾气，电闪雷鸣的时候，引起了森林大火，熊熊燃烧的大火把草原、把人类的处所烧成了灰烬，同时也将那些黏土制造的器具烧制成了更加坚实的器具。这显然是大自然一个不小心馈赠给人类的礼物，聪明好学的人类也从中学到了制陶的技术。这可能就是陶制品原始技术的来源吧。

闪电

人类学会自己掌握火后，就渐渐地远离了茹毛饮血的生活，开始了定居的种植和渔猎结合的生存模式。人类开始种植一些植物，驯养一些动物，而此时人类亟需解决的一个问题就是盛水的问题。于是人类在大自然的启示下，通过很多代的积累改进技术，人类制造出了各

爆炸

种陶器。当时人类已经能够制作具有一定形状的陶罐、陶缸和陶钵。陶器产生的始源就与火血肉相连紧密不可分的。陶制品的产生是火得到恰当运用的结果，火的艺术产生了陶艺术。而陶制品成了人类最古老的火的艺术。

陶器只是火的艺术产生的初级产品，还是火制品的婴儿时期尚不成熟。直到瓷器的出现后，火的艺术才算达到了成熟季节。瓷器制作在选择配制和煅烧方面的要求更加考究。在中国的陶瓷艺术历史长廊里面，名窑有钧窑、官窑、哥窑、定窑和镇窑等。而其中影响最大的是景德镇的陶瓷。唐宋时期就已经产生了近似于玉色的湖田影青，元朝的时候有了元青花，宋朝末年的时候人们在煅烧的时候加入了铜能烧出一点红。到了明清的时候，彩色瓷器发展到了顶峰。明朝烧制出胭脂红、美人醉、郎窑红等，清朝的时候就能烧制出三阳开泰、火焰红、海棠红、美人醉；此时低温的色釉就愈加丰富，各种色彩、各种特色造型精彩纷呈。

篝火

瓷器关键在于火候的把

握，火的艺术被推崇到了火神的赐予。每当人们进行烧制活动的时候，总会进行大规模的祭祀火神的活动。烧制出声如磬、明如镜、薄如纸、白如玉的瓷器，为中国瓷器在世界的畅销、驰名打下了坚实的基础。中国成了瓷器大国，在英语中瓷器的名字竟然就是英文“China”的小写。当时在西方国家都以得到一件中国的瓷器而自豪，从而产生了一种说法，黄金有价，陶瓷无价。与此同时，瓷器制造被蒙上了神秘的面纱。对于瓷器艺术的传播，人们都秉承传子不传女，还不让女人进入烧制瓷器的窑内，说是女人身上有邪气，会造成瓷器的煅造失败。这在一定程度上影响了瓷器技术的传播和发展。中国历史上在这个方面显然是愚昧无知的。

红釉瓶

如今是21世纪了，为了中华民族的伟大复兴，瓷器的艺术更加应该成为中国的招牌，需要年轻一代人为之奋斗。

陶器

视角延伸

瓷　器

瓷器是用什么制作的呢？烧制瓷器有什么要求呢？

由瓷石、高岭土——石英石、莫来石组成，外表有玻璃质釉或者彩绘的制品，我们叫它瓷器。关于瓷器的具体定义，有三个方面。

第一，制作瓷器要胎料，就是原始的材料。这种原始材料必须要是瓷土。因为瓷土的主要成分是高岭土，并且瓷土还含有长石、石英石和莫来石的成分；含铁量还比较低。这样经过高温烧制后，瓷器表面的胎色白，具有透明或者半透明性质，胎体吸水率不到1%，有的甚至不吸水。

第二，瓷器的胎体必须要经过高温，大约要达到1000℃烧制，才具备瓷器的特征。但是由于每一个地方的瓷土都有每一个地方的特色，烧制所需要的温度也不同，所以要根据具体情况，采用不同的温度来烧制才能成功。

第三，瓷器表面有一种物质，叫做釉，这种釉必须是在高温之下和瓷器一起被烧成玻璃质釉方可。

6 火 神

娓娓道来

在中国这块古老文明的大地上，曾经有过无数可歌可泣的故事发生。这些故事给予我们以启迪和教育，让我们每一个人都会对这些故事进行深思。下面我们将要讲一个关于火神的故事。

在民间的传说中，有一位火神叫刘火。他身高 9999 米，体重 1 万吨，一顿饭就能吃掉一大火车的米饭，十余头牛的肉。在他生活的年代里，荒草连天，野兽横行。可是每当野兽看到他的时候，野兽们都抱头鼠窜，吓得尿裤子。

野兽

刘火成了人们的保护神，人们也很崇拜他，可是由于他需要吃的东西太多了，人们就没有办法供给他足够的食物。这让刘火很恼火，也很心烦。于是他就一个人进入了茂密无边的森林里去寻找食物。

森林无边无际，里面有各种毒蛇猛兽，一个不小心就会丢掉性命。可是刘火却不怕，因为他身高9999米，力气大得吓死人。他一只手就能把一座山推翻，一抬脚就能把一条河踏平，一口气就能把一头牛吹到天上去。所以在森林里，刘火如鱼得水般地打猎和采集各种野果子充饥。

在茂密幽深的森林中，有一个地方叫做“断魂河”，河里面有许多像刘火一样体积庞大的怪兽，它们口中会吐出冰块，冰块的形状就如刀剑一样，一瞬间就能把人给杀掉。许多探险者都死在了这些怪兽口中，连尸体都找不到，因为这些怪兽吃人是不吐骨头的。刘火并不知道森林里面有这么一条河，有这么多的怪兽，所以他很大意地在河边睡着了。

夜深到三更的时候，刘火的呼噜声吵醒了河里面所有的怪兽，它们也很害怕，因为它们从来没有听到过如此大的声音，竟然还是人的呼噜声。所以它们都小心翼翼地从水中探出头来，往岸上一瞧，发现一个光着上身的大汉正在酣睡。其中有一头特别狡猾的怪兽，渐渐地靠近了刘火，利用自己游泳的独特本领，不发一丝声音，就把血盆大口对准了刘火的脑袋。可是它忘记了自己口中流着口水，怪兽的口水一下子就把刘火惊醒了。刘火睁开眼睛，看到面前的血盆大口，便随手拽断一棵大树，往怪兽嘴里面插去。大树穿透了怪兽的脑袋，黄色的血从怪兽眼睛里、嘴里流出来。刘火爬起来，把树从怪兽脑袋里面抽出来，由于抽得速度过快，摩擦力特别大，那棵大树竟然着了火。

刘火没有见过大树会着火的情景，便把大树急忙丢在怪兽的血液中，谁知道那火变得更大了。然后整条河竟然燃起熊熊烈火，火光冲天，那些怪兽从水底蹿飞到空中，又从空中跌落在水里，最后全部死了。在这个过程中，刘火竟然慢慢变小了，当所有的火都熄灭的时候，刘火就变成了像我们一样的人。不过刘火却掌握了一个发明火的技术，就是摩擦生火。从那时候开始，刘火便走遍大江南北，教授给人们产生火的技术。因为刘火吃的东西不再那么多，所以每到一处，大家都非常欢迎刘火。而产生火的技术就这样在中华大地传播开来，大家再也不用过喝生血吃生肉的生活了。

视角延伸

火 药

火药是中国人伟大的发明，是中国的四大发明之一。火药后来传入欧洲，欧洲人利用火药发明了近代的炸药，用于战争。可是在中国火药的发明却是一个偶然的事情。

古时候的皇帝是集万千宠爱于一身的人，他们是中国权力最大的人，想干什么就干什么，为所欲为。他们享受到了常人无法享受到的荣华富贵，他们就想永远享受，不想死。可是每一个人都要死，这是自然规律，无论你是皇帝还是平民百姓。从根本上讲，平民百姓和皇帝应该是平等的，可是因为皇帝掌握了权力，平民百姓又不知道自己应该和皇帝平等，所以皇帝就成了九五之尊。

古时候的皇帝为了能长生不老，便希望能得到长生不老药，道教的人正好能炼制丹药。所以许多炼丹师开始给皇帝炼制丹药。炼制丹药的过程中，炼丹师把许多物品放到丹炉里面加热。有一次爆炸了，便产生了火药。

7 人的身体之火

娓娓道来

我们的身体中有无形之火，在体内维持着我们的各种生命体征。如果没有这些火的存在，我们的生命也就要结束。这就是生命之火。

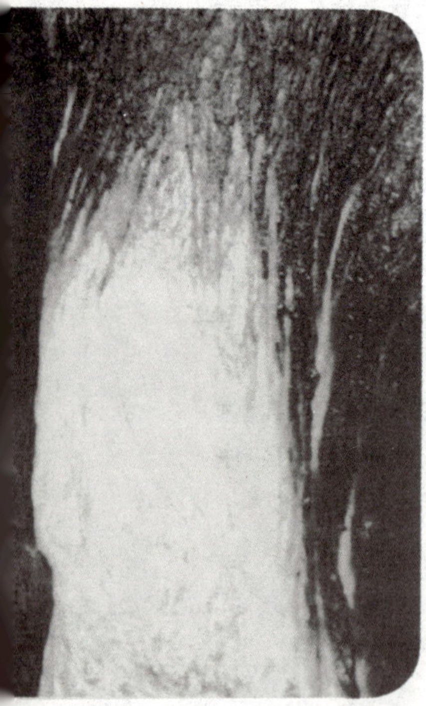

岩浆

生命之火，就如大气中的氧气维持着地球上的生命得以延续一样，维持着我们的生命。在每一个经脉里面，火如水一样流动，祛除体内的寒毒。我们从出生的那一天开始，我们体内便开始聚集了寒毒。寒毒是我们健康的恶魔，时刻侵害我们，时刻准备灭亡我们。而生命之火就是我们身体的卫道者，保卫我们健康的体魄，让我们在生活里面舒坦而快乐。如果我们身体中的每一条经脉是一条高速公路的话，火就是飞速行驶在高速公路上的各种车辆。

火山群

正是因为有了车辆，高速公路才有了活力，有了它存在的价值；正是因为有了生命之火，我们的经脉才能有生命力和张力，为我们的四肢和各个器官运送养料，我们才有力气去工作、学习和生活。

可是有的时候，生命之火过于旺盛，便会造成负面影响。这正应了物极必反的道理。在生活中我们的口干舌燥，我们小便发黄，胸闷气烦，容易生气发脾气，都是因为生命之火过于旺盛，导致身体不能承受火的温度，产生了一些疾病的症状。这就是我们所谓的上火。

椰子林

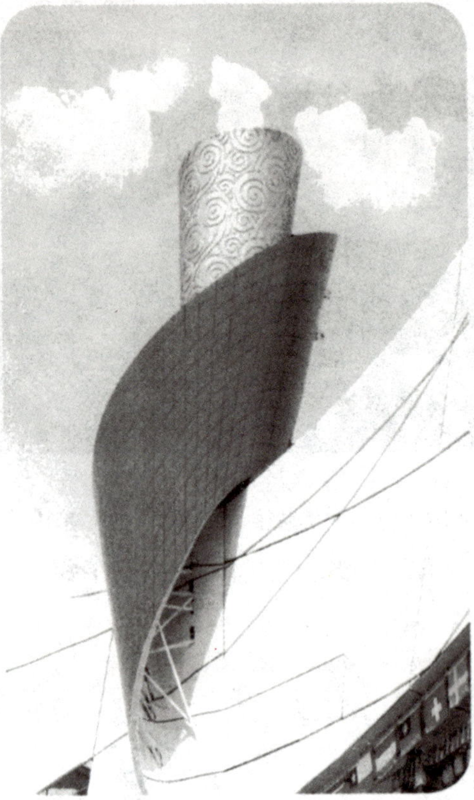
奥运火炬

上火后，我们要赶快弥补，并且要保持愉快的心情。多吃蔬菜、水果，多喝水，来给生命之火降温，促使生命之火能够按照常规燃烧运行。

关于火的故事在世界各个国家都有传说。在古希腊的一个小岛上，有一个姑娘叫做火姑娘。

她有一头如火焰一样跳动的头发和一双美丽的大眼睛。她的眼睛就像月亮一样温柔缠绵，无论谁看了她一眼，都会被她那美丽温柔的大眼睛所迷惑住。

火姑娘每天所做的事情，就是在大海边吹着海风，赤着脚走在沙滩上，捡贝壳。从早晨太阳升起到傍晚太阳落下，火姑娘不吃不喝一直在沙滩上捡贝壳。捡到的贝壳都被火姑娘放到一个五彩斑斓的袋子里面。那袋子好像是永远也装不满，火姑娘装了一天的贝壳也没有把那条小袋子装满。当太阳把最后一道光芒也收走的时候，火姑娘便用海水洗了洗脚，穿上那双漂亮的金色凉鞋，拎着袋子走进了海滩旁边的一片椰子林中。

第二天早晨，太阳发射出第一道光芒的时候，火姑娘又开始捡贝壳。没有人知道火姑娘为什么捡贝壳，也很少人知道有这么一个美丽的火姑娘在捡贝壳，在太阳的光芒里面捡取大海抛弃了的贝壳。

可是有一个人目睹了这一切，他就是神仙的儿子，因为偷吃了天神之王的玫瑰馅饼而被众神之王罚到了这片海里面，化身为无形的海水。小王子在这片大海里面生活了1000多万年，没有人与他说过话，他也没有见过任何人。1000多万年以来，他只是跟海龟和海鸟们玩耍嬉戏，他只是和鲨鱼们一起在海浪中尽情嚎叫，没有一个人来到过这里。因为这里被天神下了诅咒，如有人到了这里来后，就会被变成贝壳，随着海水冲走。

海龟

那天当火姑娘第一次来到大海边上捡贝壳的时候，小王子就看到了她。他为她而感到担心，同时心里又特别高兴，因为自己1000多万年来没有见过人了，这一次见到的竟然是一个如此美丽的女孩子，小王子便守护在火姑娘身边，用自己毕生的法力去驱使那些天神的咒语远离火姑娘，可是每一次驱除小王子都会让自己流一滴血。每天这些诅咒都会攻击火姑娘几百次，所以小王子每天都会流几百滴血。于是在火姑娘捡贝壳的这片海滩上的海水，渐渐地变成了红色。

火姑娘后来发现了这个奇异的现象，就十分高兴，她以为这是她感动了天神，天神显示了他们的恩典，自己的爱人——水精灵就要获救了。原来火姑娘有一个爱人叫做水精灵，一身蓝色的衣服，长长的蓝色头发，由于吃了很多渔民，被天神打入一个贝壳的体内，永生永世都不能出生。火姑娘很难过，便不顾这片海已经被诅咒的危险，每天在阳光下捡贝壳，希望能捡到自己爱人栖息的贝壳。

贝壳

火姑娘每天把捡到的贝壳带到椰树林里，放到一池清水里面，点上月亮灯。自己就跪在清水池面前唱他们曾经一起唱过的歌谣。火姑娘每次唱歌都会流出泪水，泪水像小溪流一样流淌进小水池里面，泪水里面带着火姑娘想给水精灵说的许多思念话语。可是这么多年来，火姑娘白天捡贝壳，晚上流泪唱歌，都没有找到她的爱人。

现在海水开始变了颜色，越来越

红，她以为是自己感动了天神，天神很快就会放了自己的爱人。所以她就高兴地在海滩上唱起了歌谣。她的歌声就如蔚蓝的天空一样美丽壮阔，还有飘荡的白云一样的纯洁。流着血的小王子趴在水底，奄奄一息地听着火姑娘的歌声，感动得流下了幸福的泪水。小王子知道自己快要死了，因为大海就要变成红色的了，自己的血也就要流尽了。小王子觉得这样死了很值得，因为他为了一位这么漂亮的姑娘奉献过，他听过这么漂亮姑娘的歌曲。就这样，小王子就死在了火姑娘的歌曲里面，火姑娘却浑然不知。她只是在沙滩上跳舞，唱歌，赞美天神。

可是诅咒却来了，把火姑娘变成了一个大大的贝壳，如火一样燃烧着的贝壳，美丽而动人的贝壳。

贝壳

视角延伸

硫 磺

在自然界中它经常以硫化物或硫酸盐的形式出现，尤其在火山地区纯的硫也在自然界出现。对所有的生物来说，琉都是一种重要的必不可少的元素，它是多种氨基酸的组成部分，也是大多数蛋白质的组成部分。它主要被用在肥料中，也广泛地被用在火药、润滑剂、杀虫剂和抗真菌剂中。

8 火灾

娓娓道来

火灾是火造成的灾祸，给人们造成了生命和财产的损失。火灾分为人为的火灾和自然火灾。人为的火灾就是人们在利用火的过程中，方法不得当或者保护措施不到位造成火势蔓延。有时候大火会烧掉人们辛辛苦苦几百年的劳动成果，还会烧死许多人。另一种自然之火，就是因为地震火山爆发或者可燃物因为温度过高、环境太干燥自燃而形成的火灾，像森林火灾，就是最常见的自然火灾。

火灾

当火灾来临的时候，第一，要保持镇定，不能手忙脚乱，否则就会耽误了最佳逃生时间，被大火吞噬而丧失生命。第二，不要留恋房屋内的财产，逃命第一，同时要注意关闭房屋内的燃气开关，用湿毛巾捂住鼻子，靠近地面匍匐前进。如果能用一些厚重的棉制品浸满水，包住裸露的身体则更好。

森林火灾

当火灾发生后，如果手里有手机或者家里有电话，要立刻拨通119报警电话，同时依据火势的大小，利用灭火器进行灭火。如果火势过大，立刻离开现场，等待火警前来救援，不可以单独去救火，这样能够避免不必要的损失。

平时我们要做好预防火灾的准备，家里要有灭火器，使用电器要按照说明书的要求进行操作，做饭的时候要知道如何扑灭锅里面的火，不要胡乱触摸电器。加强关于防火救火知识的学习，增强防火的意识。

当我们在大森林里面或者公共场合，切莫使用明火。如果使用一定要在安全措施得当的情况下，小心使用。

关注天气预报对森林火灾气象等级的报道，虽然天气预报会播得不准，但是宁可信其有不可信其无，防患于未然。

消防车

视角延伸

正义的波比火

相传有一个国家，管理国家的人一个个都膘满肠肥，每一个人都挺一个大肚子，肚子里面都是脂肪。

这个国家里，有一个特别正义的小男孩，他的名字叫波比，他天生了一种神奇的力量。他会从10个指头中发出10道可以焚烧一切的火光，他还会变成无形无影的透明人。他是天使派到人间帮助贫穷人惩罚贪官的正义男孩。

每当波比隐身走在大街上，看到穷人们趴在路边乞讨，波比都会跑进那些有着大肚子的人家，从他们口袋里面掏出钱，放到穷人面前。穷人们看到钱突然从天而降，就高兴地跪拜天神，大家都以为是天神降了福分给穷人了。就这样，波比每天都从胖肚子的人家里拿钱送给穷人，城里的穷人们渐渐地都不再衣衫褴褛，一个个都从面黄肌瘦变成了红光满面。

可是那些当官的胖猪们后来发现了这个奇怪的事情，就在国会上宣布，穷人们偷了富人的钱，他们有妖法。所以，胖猪官们就派了许多士兵把穷人们的钱和其他的财产都抢了回去，还打死了许多小孩子，因为小孩子总是不肯放弃他们手中那些漂亮的玩具。

波比看到了这些情景，就隐身到了国会里面，当时所有的胖猪都在里面讨论怎么收拾穷人们呢。波比就用10个手指头里面喷出的大火烧死了所有的肥猪。这场大火燃烧了十天十夜，直到下了一场暴雨后，大火才慢慢熄灭。从此这个国家就没有了贪官，每一个人都是好人，大家都互相爱着对方，有东西一起分享。

传奇三

青山隐隐水迢迢——自然奇观

陆地火山

娓娓道来

在地球的地壳下100～150千米处，有一个“液态区”，区内存在着高温、高压下含气体挥发成分的熔融状硅酸盐物质，即岩浆。如果受到外力或内力作用，它就会从地壳薄弱的地段冲出地表，就形成了火山。

火山在地球上分布是不均匀的，通常都出现在地壳中的断裂带。就世界范围而言，火山主要集中在环太平洋一带和印度尼西亚向北经缅甸、喜马拉雅山脉、

海底火山爆发

中亚细亚到地中海一带，这两个地带存在着地球上 99%的活火山。

火山有很多种，有些火山在史前就喷发过，后来没有了活动迹象，像这样的火山我们称之为“死火山”。有些火山处于休眠状态，平时看起来像“活火山”，但一旦受到地壳运动的影响会突然喷发，人们称之为“休眠火山”。还有一些在短时间内时有喷发的火山，我们称之为“活火山”。

火山不轻易喷发，但一旦受到地下运动的影响导致爆发则会异常猛烈。它们会喷出多种物质，有岩块、碎屑和火山灰等；在喷出的液体物质中，一般有熔岩流、水、各种水溶液以及水、碎屑物和火山灰混合的泥流等；在喷出的气体物质中，一般有水蒸汽和碳、氢、氮、氟、硫等的氧化物。除此之外，在火山喷发活动中，会有很大面积的灰尘污染，还常喷射出可见或不可见的光、电、磁、声和放射性物质等。这些物质有时能致人于死地，或使电、仪表等失灵，

冰岛火山灰

使飞机、轮船等失事。

另外，火山喷发的时间也不好把握，现在人们为了减少火山活动对人类生活的影响，专门对火山喷发的时间与强度做预报，但直到现在为止，人类还没能精准地预测出来，因为火山喷发的强弱与熔岩性质有关，喷发时间也有长有短，短的几小时，长的可达上千年。而且火山一旦喷发会给人类的活动造成严重的影响，轻则财产损失，重则危及生命。尽管如此，人类还是能和火山和睦相处，因为在火山喷发后，其周边的土地会变得丰沃，也会有大量热能与矿产资源。另外，火山所在地区也是一种很不错的旅游资源，可以开发供游人观览。

火山喷发

视角延伸

中国火山

中国地大物博，有很多风景让人叹为观止。火山便是其中之一。中国的火山约660座，但其中绝大部分是死火山。要想参观活火山和休眠火山，可以到台湾省、昆仑山区、黑龙江省、长白山和云南腾冲等地。尤其是黑龙江和吉林，那儿的火山就有230多座，其中五大连池和白头山是很著名的景点，很多游客慕名而来。

如果说我国火山最多的地区，那就非内蒙古莫属了。在内蒙古，火山多达270多座，其中就包含了我国最大火山群，共有100多座火山。在这些火山群中，达里火山群就有多达56座火山。

中国的台湾地区是中国火山活动最为剧烈的地方，因为它正好位于环太平洋火山带中，受地壳活动影响较多。台湾的澎湖列岛、火烧岛、钓鱼岛等都是海底火山喷发而成的火山岛，很受人们关注。

2 太阳和其他恒星

太阳是银河系的一颗普通恒星，它与地球平均距离是 14960 万千米，直径 139 万千米，平均密度 1.409 克 / 米，质量 1.989×10^{33} 千克，表面温度 5770K℃，中心温度 1500 万 K℃。

娓娓道来

银河系

关于太阳传说有很多，其中就有这样一个传说：在古代，天上有 10 个太阳，每天晒得人们很痛苦，动物跟植物都奄奄一息。为了生存，人们就找了一个箭法很好的人将天上的太阳射掉 9 个，只留下一个，人们的生活才恢复正常。当然，这只是神话故事，并不能相信。太阳与地球的距离很遥远，即便是坐飞机，也要飞 20 多年才可能到达。这么远，箭哪能射得到呢？

太阳不仅离地球远，也比地球大。平时我们肉眼看太阳觉得很小，其实只是距离太远的原因。实际上太阳比地球大了很多，130 万个地球才能抵得上一个太阳。而且太阳自身会发光，会发热，是个大火球。它的温度很高，表面温度有 6000℃，就是钢铁碰到它，也会瞬间变成气体。不可否认，太阳为地球提供了一切热源，万物离不开太阳。它与我们有着非常密切的关系。有了太阳才有热量，地球上的生物才得以生长，人类才有了生存所需的资源。如果没有了太阳，就没有了生长的能量，地球就会像没了电的灯泡，没有利用的价值。

说到底，地球上的光明和温暖，都是太阳送来的。如果没有太阳，地球上将到处是黑暗，到处是寒冷，没有风、雪、雨、露，没有草、木、鸟、兽，自然也没有人。一句话，没有太阳，就没有我们这个美丽可爱的世界。

太阳系

视角延伸

后羿射日

传说在尧帝时代，天上突然出现了10个太阳，每天剧烈的阳光普照大地，没多久，河枯了，地干了，庄稼也死了，人们生活在水深火热中。很多猛兽也因此出来作害。

天上的神仙看到人们生活得如此辛苦，便让善于射箭的后羿下凡到人间将多余的太阳射掉，解除民众的苦难。后羿带着天帝赐给他的一张红色的弓箭和他美丽的妻子嫦娥一起来到人间。

下凡后，后羿立即做好了射日的准备。他选了一个射日的最佳地点，将弓箭拉满，毫不犹豫地朝太阳射去。没多久，天上的10个太阳少了9个，只留了一个太阳挂在天上，供人类生存所用。

因为后羿表现得很好，得到了天帝的嘉奖，有些天神便心存妒忌，他们到天帝那里去进谗言，让天帝对后羿心存不满，慢慢疏远了他，最后把他永远贬斥到人间。从此，后羿和他的妻子隐居在人间，靠后羿打猎为生。

3 火山湖

娓娓道来

火山湖是一种很奇特的自然景观。一般是在火山喷发后，大量浮石被喷出来和挥发性物质的散失引起颈部塌陷形成漏斗状洼地，即火山口。

火山口面积有大有小，其漏斗形状会将积雪融化后的水和降雨等大量的水汇集起来，日积月累逐渐形成了火山湖。火山湖的种类也有很多，比如火山口湖、火口原湖和溶岩堰塞湖等。一般而言，火山湖是在火山爆发后形成的，湖水清澈透亮，没有杂质与沉淀，且因为位于火山中间，无风无浪，看起来就像一面镜子，与蓝天白云相映，美不胜收。有时候，火山湖会呈现出鲜亮的色彩，比如碧绿色。这是因为火山湖中包含了很多火山喷发时所带出的矿物质，这些矿物质能让

火山湖

火山湖

湖水反射出不一样的色彩。

无论在世界的哪一个国家，人们对火山湖都有着不一样的喜爱。因为火山湖所特有的神圣感让人们感到前所未有的宁静与安详。在中国，火山湖已作为最受欢迎的旅游景点之一，受到了海内外游客的青睐。比如中国最深的湖泊长白山天池，就像一块瑰宝镶嵌在雄伟秀丽的长白山群峰之中。还有中国最大的火山堰塞湖镜泊湖，它以天然无饰的北方独特风姿闻名于世，是集旅游、避暑、科研为一体的风景名胜区，备受中外游客赞赏。另外还有黑龙江的五大连池风景区等众多著名的火山湖，它们都是大自然对人类的馈赠，我们应该好好保护这些独特的礼物。

长白山天池

危险的火山口

火山口虽然美丽，但也蕴藏着危险。但有些火山口看起来很平静，却暗藏着致命的危险。喀麦隆高原上的尼尔斯斯湖便是如此。

尼尔斯斯湖常年湖水清澈明亮，周边风景秀丽，是个迷人的地方，但它却有着惊人的杀伤力。1986 年 8 月 21 日晚上，尼尔斯斯湖突然爆发出雷鸣般的恐怖声音，同时升起了一股巨大的气柱并向低处的山谷聚集，很快村庄就被雾气笼罩了。此时村庄里的人们都还在熟睡，还没有人意识到危险的降临。就这样，只是一个晚上，这个村庄就有 2000 多人丧生，周边的动物也都没能逃过一劫。后来据专家调查，原来是尼尔斯斯湖底的二氧化硫为主的有毒气体突然翻涌到湖面上来了。这些气体毒性很强，而且又是在晚上爆发出来，人们根本没有防范，以致造成了大灾难。

视角延伸

4 火山岛

娓娓道来

火山带给人类灾难，同时也带来了“财富”，火山岛就是其中之一。我们所熟知的火山岛一般是由海底火山喷发物堆积而成的。

火山岛在世界的分布有一定的规律，分布较多的是环太平洋地区，那里的火山岛有些已是全世界著名的景点，比如著名的阿留申群岛、夏威夷群岛等，这些火山岛已被人类当作很好的旅游资源来开发。与火山湖有不同的种类一样，火山岛也被划分成了两种，一种是大洋火山岛，与海洋地质变化息息相关。还有一种是大陆架或大陆坡海域的火山岛，它与大海地质构造没有多大联系，多受地质构造影响，是海洋岛屿与陆地岛屿的过渡类型。一般而言，火山岛上一开始并无植被，但经过长时间的风化与水的侵蚀，岛上的岩石逐

夏威夷

渐变成细小的颗粒并进化成土壤。有了土壤，植被便有了生存的条件，火山岛上才有了绿意盎然。当然，这只是相对于普通的火山岛而言的，不同的火山岛有不同的景象。有些火山岛因为所在环境的恶劣，植被难以生存，比较光秃且贫瘠，景色并不喜人，比如澎湖列岛。

俯瞰太平洋

火山岛是由海底火山喷发出的熔岩日积月累形成的。这是一个很漫长的过程，很多海底火山喷发的岩浆在到达海面之前就被海水冷却，不再活动了，直至下一次的火山喷发。直到今日，海底火山爆发的情景对人类来说还是非常罕见的。不仅是因为火山熔岩被冷却在了海里，还因为在火山喷发时，海水周边的温度会异常高，在它周边的生物一般都被活活烫死，难以存活。所以，人类难以在海底火山

熔岩湖

突然喷发的瞬间靠近它，更别说是拍摄与研究了。从另一面来说，火山岛的形成还依赖于地球的板块运动。地球分为七大板块，每一板块与板块之间都有裂谷。受板块运动的挤压作用，在地底下的熔岩会从裂谷处不断溢出，随着时间的推移，这些熔岩不断地累积升高，最后会露出海面形成火山岛。

视角延伸

火山的另一面

火山给人类带来了很多资源，但不可否认的是，火山还有着世人皆知的恐怖的一面。平静的火山能给人们带来美的享受，可是一旦爆发，就是灾难降临之时。我们平时看到的火山爆发多发生在俯冲带，它们也许已经沉寂数百年，看起来温顺无比。其实不然，像这样的火山蕴藏着惊人的力量，爆发时如同原子弹爆炸，威力无穷，给人类带来不可估量的损失。

在火山爆发的同时，它所散发出来的大量的火山灰和火山气体会严重影响全球气候。火山灰和火山气体中多含有有毒物质，动物吸入会导致中毒，轻则伤身，重则危及生命。而植物往往会被火山灰覆盖其叶子表面，难以进行光合作用，久而久之，植物会慢慢死去。而且，火山灰会在空中久久弥漫，使光线能见度降低，飞机等空中飞行的物体常会受到干扰而不能正常运行。

5 火瀑布

娓娓道来

在自然界中有很多神奇的景象，它们可能不是自然生成的，而是经过人们的再造体现出来的，比如说火瀑布。

火瀑布很少有人亲眼看到，它不是火山爆发的岩浆飞流直下，也不是人类从山顶往下喷火，它只是一种很普通的瀑布。之所以称之为“火瀑布”，是因为这些普通的瀑布在特定角度的阳光照射后，会形成令人惊艳的光学效果。当然，这不是什么时候都能看得到的，只有在每年的一些特殊的时间内才有机会可以看见，而且机会很少。这是因为瀑布所在

融雪

的地理环境问题，有些瀑布终年被周边茂密的植被所掩藏，阳光少有照射到，就不用说从特殊角度照出色彩了。而且，有些瀑布并不是一年四季都存在的，比如由雪水融化的水形成的瀑布，还没到夏天就已干枯。

其次是太阳的角度。太阳的位置必须正好将光芒覆盖在这个瀑布上。而且必须是晴空万里的条件下，合适的太阳角度会将瀑布映射得金碧辉煌，远远看去，就好像一条火龙从山顶上蜿蜒而下，绚丽多彩，令人叹为观止。很多摄影家为了拍摄到这一奇景，不惜花费几年的时间去等待这一奇景出现的那一刻。但到目前为止，成功拍摄到火瀑布的人并没有多少，火瀑布的资料也就弥足珍贵了。值得一提的是，19 世纪 70 年代马尾瀑布成为真正意义上的火瀑布。这是当时的人们为了盈利而人为制造的一条瀑布。他们把燃烧后的炭火从悬崖上倒下，咋一看，真的有模仿到几分火瀑布的样子。由于这样的做法存在危险性，1968 年被明文禁止了。

瀑布

视角延伸

火瀑布的形成

火瀑布的形成要有很多因素同时作用才能显现。其中最重要的莫过于水。没错，火瀑布形成的必备因素就是瀑布的水，水量够充足，流水面积大。如果有足够多的水。如果天空足够干净，等到日落时分，落山的太阳与瀑布形成一定角度，在阳光的照射下，瀑布就会发出红色光芒。其次是天气，要晴空万里，无云无雾，这样阳光才能无阻碍地照射到瀑布之上。很多人可能一辈子都没见过火瀑布，这也不奇怪，只有在正确的时间、正确的地点才能观赏得到。与其说是一种期盼，不如说是一种运气。

6 野　火

娓娓道来　野火，顾名思义，就是野外的火。就野火而言，自古至今有着不同的解释，归纳起来最主要的有三种。一种是荒山野地焚枯草时燃烧的火，这种野火是人们印象中普遍意义上的野火。一种是磷火，俗称鬼火，在古文中常被提到，如《聊斋志异》。还有一种野火，是一种指代，表示“犹言外快：便宜”。这三种不同意思的野火最为人们熟知的是第一种，野外燃烧的火。

野火

这种野火如果处理不当，极易引发灾难。在野外如果被这种野火围困，要学会自救，要果断决策、迅速突围和作出辟火路线，采取正确的避火方法，能最大限度地避免伤亡事故的发生。正确的避火方法有很多，比如点火解困。在较开阔的平坦地，可以以河流、小溪、道路为依托，使用点火器点迎面火，使新火头向大火头方向逆风蔓延，阻挡火势解困。还有强行顶风冲越火线。用衣服蒙住头部，快速逆风冲越火线，进入火烧迹地。另外还有卧倒避烟（火）的方法。用衣服蒙住头部，两手放在胸部，卧倒避烟(火)。当然，最好的方法是快速转移到安全地带，避免发生伤亡。

小溪

视角延伸

野外生火

在野外，我们经常有用火的需求，我们应该如何在野外生火来满足需要呢？很多人认为，如果在野外有汽油，有酒精，就可以把火点燃，其实这种想法不实际，也不可行。即便能带汽油和酒精上去，也不容易把火点燃，往往是白忙半天，脸整得跟黑人一样，除了眼白和牙齿，都是黑的。如果遇上阴雨天，那就更加困难了。

在野外生存，携带生火工具是很有必要的，喷枪或蜡烛等工具都行。可以将蜡烛融化在树枝上，这样容易将木材点燃。但不是有了喷枪或者蜡烛就能很轻易地把火点燃。木材的大小与干燥程度都会影响到生火的成功与否。首先，木材必须是干燥的，如果是潮湿的木材，就算你把蜡烛都烧完它也燃不起来。其次，木材在生火时不宜过大，太大了火势难以渗透，很容易灭掉。最后，木材的架设方式也有讲究，要架成一个易于通风的造型，不能太过于密集，也不能太稀疏，那样不利于点火后火势的弥漫。如果怕控制不住火势．可以用石头将火堆围一个圈。如果喷枪和蜡烛都没有携带，也不用着急。可以在周边收集一些干枯的树叶或干草，桦树皮也是易燃的，将它们围拢在一起，用火柴或打火机从边缘慢慢点烧，一点点将火燃起。需要注意的是，如果野外空气很潮湿，我们携带的生火工具要做好防潮工作，可以用塑料袋包裹或者用透明胶裹上，以防水汽渗透。

3 海底火山

娓娓道来

在未知的海底，存在着很多不为人知的秘密，人们通过各种方法去探寻海底的秘密，总能收到意想不到的结果，比如海底火山。

蒸发的雾

海底火山，顾名思义就是大洋底部形成的火山。它们的分布很广泛，喷出的熔岩也会被海水冷却在海底，但内部仍是高热状态。大多数的海底火山都分布在各大板块运动的周围。被称为中洋脊。海底火山不仅在深海有，在浅水区域也能发现它们的踪迹。在它们爆发的时候，周围的水受到炙烤会立刻升温，且会伴随着火山气体的喷发冒出大量气泡，由于无法在水里观察海底火山，人们只好观察这些气泡散发的范围与气泡的多少来观察海底火山喷发的规模。有时因为是在浅水区域喷发，人们可以看到火山喷发时喷出的物质。

其实，所谓的海底火山，就是形成于

浅海和大洋底部的各种火山。活火山与死火山都包括在内。板块内部有时也会有少量的火山活动。一般而言，我们将海底火山划分为三类，分别是边缘火山、洋脊火山和洋盆火山。它们分布的地理位置不同，自身的构造与生成原因也有所区别。

可以肯定的是，无论是何种海底火山，它们在喷发时都是非常壮观的。从海面上看，就像一锅沸腾的水，不断地冒出大量的气泡，这些气泡主要是来自地球深部的水蒸气、二氧化碳及一些挥发性物质，还有大量火山碎屑物质及炽热的熔岩喷出，在空中冷凝为火山灰、火山弹、火山碎屑。

视角延伸

海底探险

海底是一个神秘的世界，比陆地大得多，里面的很多生物到今天为止还不为人知，但人类探索海底的脚步不会停下，在科技越发先进的今天，我们能够一点点揭开海洋深处神秘的面纱。对陆地生物而言，海底火山无疑是神秘的。因为处在较深的海底，加上火山喷发时间的不确定性，人们很难第一时间观察到海底火山的魅力。而且，海底火山所喷发的熔岩在还没露出海面的时候就已经被冰凉的海水冷却，不再活动，只能等待下一次的喷发。所以，人们从来没有真正看到过海底火山喷发的景象，最多也就只是看到海底的熔岩泉不断冒出新的岩浆形成新的火成岩。也有人曾经不顾生命危险去拍摄这神秘的海底火山。曾经有两名美国潜水成员前往夏威夷群岛火山探秘，想用镜头捕捉海底火山喷发的瞬间。他们带着专用的潜水设备，直下海底 100 英尺，拍摄到了从海底火山口不断流出的熔岩河流，当时火山周边的海水温度已有 100℃以上，即使穿着先进的潜水设备，仍然感觉得到海底火山的炙热。

8 火流星

娓娓道来

漆黑的夜晚，人们有时会看到天空中一闪而过的流星。它们出现的时间很短，却美丽异常。

在所有的流星中，有一种很特别的流星，它的亮度比一般的流星还要高上许多，看起来更加显眼美丽，那就是火流星。

夜晚流星

火流星是一种偶发流星体，出现的概率比普通流星还要小。在它们划过天际的瞬间，还能听见有轻微的爆炸声，有时是像晃动的沙子般发出“沙沙”的声音。因为亮度很高，在如黑幕的夜空中便显得格外耀眼，就像一条巨大的火龙划破天际，看到的人们都会被它们的美丽震撼。而且即使不是夜晚，有时也能看到火流星的出现，因为它的亮度很高。

火流星的流星体质量较大，一般都大于几百克，在脱离轨道后进入地球大气层。在大气层中很多流星体都会因大气摩擦而消失，而部分还未燃尽的流星体便继续闯入稠密的低层大气，以极高的速度和地球大气剧烈摩擦，发出非常耀眼的光亮。一般流星划过天际不会留下痕迹，火流星却不一样。在它划过天际的地方都会留下云雾状的长带，称为“流星余迹”。但这种余迹存在的时间不一样，有些只有短短几秒或几分钟的时间，有些则能显现几十分钟。有时人们会根据这一尘埃余迹推测出高层大气内的风向和风速等。有记载的火流星是1930年出现在苏联伏尔加河上空的一颗火流星。当时人们看到天上突然出现一个如月球般大的圆圆的“大火球”，以极快的速度在天空飞行了5秒然后消失。在它消失的地方升起一股烟云，逐渐变浓，并且持续了5分钟。直到烟消云散之后，人们还听到类似发射火炮的轰鸣声，十分震撼。

伏尔加河风光

视角延伸

美丽的流星

我们都知道流星是美丽的，但它到底是什么，又为什么会如此美丽，人们为什么极少看到它们呢？其实，我们所看到的流星是行星际空间的尘粒和固体块，也就是流星体闯入地球大气圈同大气摩擦燃烧产生的光迹。有些流星体在穿过地球大气圈的时候被大气磨损消失了，体积较大的流星体在经过摩擦后还未被燃烧殆尽，便会划过天际落到地面，人们称这些外来星体为“陨星”或“陨石”。

在茫茫宇宙中，每一颗流星体都有着自己的运行轨道，它们和地球一样，都是围绕太阳运动的，但有些流星体在经过地球附近时，自身的引力远远小于地球的引力，便会受到地球引力的影响改变自身原有轨道，从而进入地球大气圈。流星还有不同的种类，主要有单个流星、火流星、流星雨这几种。平时我们看到的普通流星属于单个流星，它出现的时间和方向没有什么规律，又叫偶发流星。火流星比单个流星出现的概率小，而且亮度很高，在出现的时候可能会有爆炸声，有时在白天也能看到，也属于偶发流星。在所有流星中，一次性出现最多的就是流星雨了。流星雨是由众多流星从星空中某一点（辐射点）向外辐射散开所形成的。出现的时候像天上下起了闪亮的细雨一样，非常美丽。这些流星体在滑落天际后就被称为陨石。陨石实际上就是太阳系中较大的流星体闯入地球大气后未完全燃烧尽的剩余部分，是珍贵的外来星物，人们可以根据陨石的内部构造来研究太阳系天体的形成演化。

在民间，人们觉得看到流星是一件幸运的事。他们会在看到流星划过的瞬间双手合十虔心许愿，认为这样做流星会给他们带来好运，自己许下的愿望也会在下一年实现。其实这是没有科学依据的，只是人们对实现愿望的一种期盼。

传奇四

二十四桥明月夜——哲理典故

1 抱薪救火

娓娓道来 “抱薪救火”是一个成语，它比喻用错误的方法来消除灾祸，却适得其反，把灾祸扩大化了。

中国历史上有一个战国时期，那时候战祸纷纭，各个国家之间经常发生战争。有一次在华阳战役中，秦国的军队把魏国的军队击败，魏国军队丢盔弃甲回到自己的国土后，国君魏王害怕了。第二年，魏王为了免除秦国对本

战国玉佩

国的再次侵犯，保住王位，就准备派大将段干子去秦国求和，打算以割让给秦国土地来求得和平。

在这个求和的方法提出之后，大臣中有一个叫孙臣的对这种求和方法提出了异议，他便对魏王说道：大王呀，我们在战败的时候，并没有割地求和，秦国战胜了我们，他们也没有要求割我们的土地，可见我们两国在当时都做了正确的决定，符合双方的实际情况。可是现在我们没有战败，也没有与秦国发生战争，并且时间已经过去一年了，这个时候却又想拿自己本国的土地来换取和平，这是一种委曲求全懦弱不明智的决定啊，是卖国求荣呀！另外，我们拿着国土去讨好谄媚秦国，就好比抱着薪柴去救火一样，薪柴烧不完，

战国编钟

火是不会灭的。大王您的国土是有限的，可是秦国对于得到国土的欲望是永无止境的。魏国不灭亡，秦国就不会满足，这样跟抱薪救火有什么区别呢?

孙臣的一番言语打动了魏王，魏王便听取了孙臣的意见，取消了段干子的秦国之行。

在清朝末年，外国侵略者屡次侵略中国，每次都要求割地赔款，清政府为了求得和平，每次都同意了侵略者无理的要求。就这样把侵略者的胃口吊得越来越大，到了日本侵华战争的时候，日本已经不能满足割一小块土地了，而是想灭亡整个中国，把全中国变成日本的殖民地，可见抱薪救火的举措是多么的愚蠢。

视角延伸

知错的贝尔

贝尔是古老的天神的儿子，掌握着无上的法力。呼风唤雨。无所不能。他让太阳不动，太阳连一声哈欠都不敢打；他让月亮头朝下脚朝上，月亮就老老实实地照着他的话去做。连美丽的宇宙之神哈梅都拿他没有办法，因为一旦贝尔发起大火，整个宇宙都会被他搞得一团糟。

有一次他因为吃不到天神大宴会上的优美之果，大发雷霆。只见他用手薅住了太阳的头发，用脚踩在月亮的腰上，屁股坐在地球上，用太阳狠狠地撞向地球。然后把金星、火星、水星都扔到了宇宙之湖中，把整个宇宙搞得乌烟瘴气。宇宙之神走到他的面前想劝劝他，被他一个巴掌打到了其他星系去了。宇宙之神花费了 9000 多万亿年的时间才赶回家，又用了 10 万多年的时间才把宇宙的家务整理好。

所有的天神都害怕贝尔，惧怕他的法力无边，见到他就加速神车绕道而行了。渐渐地，贝尔就没有了朋友，虽然每当他过生日的时候，所有的天神都会来到他的宫殿，给他祝寿，说好多美言妙语。贝尔虽然脾气暴躁如火，可是却蛮聪明的。他知道每一个天神都害怕并且憎恨自己，他知道他们都希望自己快点死去，好给这个宇宙一片安静的天空。

一个人的时候，贝尔总喜欢去银河游泳，因为在那河里有一条鱼不怕自己，会默默地注视着自己，全神贯注地听自己心里流出来的话语。贝尔趴在河岸的沙滩上，沙子由于是金子和许多玛瑙制造的，发出五彩的光，那些光亮照在贝尔的脸上，映照出贝尔无限的忧伤。银河里面的小鱼儿，在水底的草丛中看到了他，就摇动着美丽而柔韧的尾巴朝贝尔游过来了。小鱼儿从水里面探出头，睁开她美丽的大眼睛，那眼睛泛出夺人心魂的色彩，贝尔就朝她望过去。贝尔每次看到她都会高兴地喊一声：嗨，美丽的鱼儿，你好呀?

鱼儿眨了眨眼睛表示问好，就靠在岸边的黑宝石旁边，静静地倾听贝尔的烦恼。贝尔想交朋友，想做一些好事，想贡献出自己的力量，可是宇宙之神害怕自己捣乱，就婉言拒绝了自己，说他是最伟大的神，只需要在天庭中游玩就好了。是的，大家都希望他不生气就好，因为一旦他生气，那怒火就会冲天，整个世界就会被贝尔搞得一团糟。贝尔知道，只要自己生气了，发怒了，自己就控制不住自己，就像一头野兽一样在宇宙和星空间，搞各种破坏。邻居幸福之神的胳膊，对面快乐之神的腿。还有自己的兄弟金钱之神的眼睛都是上一次怒火冲天的时候，自己在混乱中弄伤的。因为幸福之神的胳膊被自己弄伤了，所以人间就很难得到幸福；因为快乐之神的腿被自己弄伤了，所以人家的快乐总是迟迟不肯到来；因为金钱之神的眼睛瞎了，所以人间那些高尚品德的人没有钱，可是那些邪恶小人却腰缠万贯。

贝尔感到自己罪孽深重，他后悔自己的冲动，他想弥补这些。鱼儿就笑着说：“贝尔，贝尔，若是想改，就要有爱；有了爱心，你就不会发脾气了。你会对你爱的人发脾气吗?”

贝尔摸了摸脑袋，说：“是啊，我爱你，我就不会跟你发脾气。”

鱼儿说：“时间不多了，我们的时间不多了，我们哪里有时间来恨呢?让我们爱这个世界吧，爱这个宇宙吧，让我们的爱心照亮这个宇宙，好吗?我的小贝尔?！”

贝尔点了点头，就站了起来，高兴地飞向远方。他要用一颗爱心来改造这个宇宙，服务这个宇宙，让自己永远不再发怒。

2 赴汤滔火

娓娓道来

汤就是沸腾的开水，火就是燃烧的烈火。赴汤蹈火就是敢于在开水里面走路，勇于在火海里面游泳。就是说为了一个目的或者某个人，愿意承受任何困难险阻，愿意为了他而牺牲。

战国石雕

关于这个成语的来历还有一个故事。在西汉的时候，有一个人叫晁错。这个人刚直不阿，聪慧非凡，又具有强烈的爱国心，还是一个博学之士。他曾经是汉景帝的老师，汉景帝也十分敬佩他，从他那里学到了不少治理国家的道理。后来汉景帝登基当了皇帝，就提拔晁错当了自己的御史大夫，相当于现今的总理的职位。汉景帝对于晁错关于治理国家的建议是言听计从，十分推崇这位老师。

当时的西汉，被分成了许许多多的诸侯国，每一个诸侯国都拥有自己的军队，势力强大的诸侯国甚至可以与朝廷对抗。晁错发现这个事情很严重，如果不削弱诸侯国的力量，诸侯国必然会影响到国家的安全。便建议汉景帝采取一些举措来消弱诸侯国的力量，保住汉景帝的江山和国家的稳定。汉景帝便采取了晁错的办法，晁错也曾经在奏书中说过，如果国家对待士兵有恩，士兵们便会敢于在石头雨中行走，敢于在开水和烈火中作战。这就是赴汤蹈火的来历。晁错也践行了这个成语，为了汉景帝的江山赴汤蹈火。

当汉景帝开始消弱各个诸侯的力量的时候，各个诸侯便把准备好的军队拉了出来开始反叛，说是要清除君王身边的奸臣。这个奸臣说的就是晁错。迫于众诸侯的压力，汉景帝痛苦地杀了晁错。他后来利用大将周亚夫平定了战乱，同时也消弱了诸侯的力量，只是晁错再也没有办法看到诸侯被消弱后的景象了。

锦绣江山

视角延伸

赴汤蹈火

“赴汤蹈火”这个成语的来源有不同的说法。其中有一个说法就是来源于三国时期魏国的嵇康所写的《与山巨源绝交书》。其内容为：“此由禽鹿，少见驯育，则服从教制；长而见羁，则狂顾顿缨，赴汤蹈火。”作者嵇康曾与山巨源等七人一起游于山林，被称为“竹林七贤”。在司马氏专权后，嵇康不满司马氏的统治，隐居山阳，但嵇康的好友山巨源后来却在司马氏朝廷中做了官，这与嵇康的志向是相反的，从此以后，嵇康便看不起山巨源。山巨源后来由吏部侍郎升为散骑常侍时，想请嵇康出来代理他原来吏部侍郎的职位，但却遭到了嵇康的强烈反对。因为这件事，嵇康便给山巨源写了一封信，是一封绝交信。嵇康在信中列举了老子、庄子、孔子等圣人，表明自己“志气可托，不可夺也”。然后又写到自己淡泊名利不慕功名的志向，还对山巨源的虚伪表示蔑视，公然对抗朝廷的法制，以禽鹿做对比，因为野鹿很少有被驯服的，如果对其强加羁绊来束缚它，那效果肯定会适得其反，令它狂躁不已而已，所以它就算赴汤蹈火去反抗也不足为惧。嵇康以此信表示如果山巨源代表司马氏请他做官，他就会像野鹿一样难以驯服，以此来表达坚决不为司马氏朝廷当官的决心。这就是嵇康与山巨源版本的“赴汤蹈火”。

3 火树银花

娓娓道来

火树银花用来比喻灯光和焰火特别灿烂绚丽。火树：挂满各种灯具而火红的树。银花：闪闪发亮如银子一般的，那些发光的灯盏。

唐朝的唐睿宗，是一个混蛋皇帝，不知道治理国家，为人民谋福利，反而对于怎么欺男霸女，如何吃喝玩乐，有一套理论体系。他就像一头快乐的笨猪一样，吃饱了玩，玩够了吃，吃饱了玩，玩够了睡。他第一次称帝只做了 3 年，可是就在这 3 年里他玩出了各种花样。

唐睿宗

他不管是什么节日，

哪怕是清明节应该上坟祭祀时，他也要游玩一番。每次到了元宵节，他都会用收刮的民脂民膏，抢来的各种财宝，掠来的许多美女，去装点一次盛大的游戏场所。他让人在他玩的地方，扎起 20 多丈高的大树，点燃 5 万多盏灯在树上，叫它们为火树。他便在这些树下面吃喝玩乐。

后来有一位特别有才华的诗人听说了，就以这件事情写了一首诗：火树银花合，星桥铁锁开，暗尘随马去，明月逐人来。游妓皆余季，行歌尽落梅。今吾不禁夜，玉漏莫相催。

这首诗把当时的繁华奢侈热闹的景象描写了出来，可是诗人没有想到，这些东西可都是从老百姓手中收刮来的。当皇帝和他的大臣们吃喝玩乐的时候，还有成千上万的劳动人民生活在水深火热之中。

祭祀

视角延伸

皇帝唐睿宗

历史上关于唐睿宗的说法一直没有个统一定论，是一个有争议的皇帝。

唐睿宗又叫睿宗玄真大圣大兴孝皇帝，讳旦，又名旭轮，是唐高宗第八子，也是则天顺圣皇后幼子。唐睿宗曾两次称帝，过程可谓是一波三折，在中国封建统治历史上也极其罕见。

李旦一开始时并不是继承帝位的第一人选，之所以能当上皇帝，与武则天有着很大的关系。李旦开始时被封为殷王，后由于政治原因改封为豫王、冀王、相王。最后于唐高宗末年，重新确封为豫王。在嗣圣元年二月，则天皇后废唐中宗为庐陵王，立唐睿宗为帝，改年号为“文明”。虽然唐睿宗称帝了，但并没有什么实权，权力掌握在则天皇后手里。则天皇后命令唐睿宗居于深宫。不得参与朝政，所有军国大事由则天皇后直接处理。这种情况一直延续到公元690年，则天皇后称帝，改国号为周，将唐睿宗废除，只封他为皇嗣，改姓武。

到公元705年，唐中宗谋划篡位成功复位，封为相王。但没过不久，唐中宗就被毒杀，当时临淄王李隆基发动羽林军攻入皇宫，讨杀韦皇后和安乐公主、上官婉儿、武延秀等人，与太平公主一起又拥立唐睿宗复位。就这样，唐睿宗第二次当上了皇帝。唐睿宗没有好好利用第二次好不容易得来的皇位，没几年功夫就退位了，前后两次的称帝持续时间不过8年。

在后人的评价中，唐睿宗是一个无作为的昏庸皇帝，没有励精图治的志向，也没有什么强烈的政治野心，对他大多是持有轻贬的看法。

4 如火如荼

“如火如荼”这个成语的表面意思是：像火一样的红，如茅草的白花一样白。用来形容军队态势盛大豪壮。我们现在使用这个成语来比喻气势旺盛。

娓娓道来

春秋的末期，吴国的国力昌盛，军队作战能力登峰造极，没有一个国家的军队能够抵挡吴国的进攻，也没有哪一个国家的军队有吴国的军队那么纪律严明作战效率高。吴国的大王叫做夫差，他特别想当中原的霸主，于是就率领着他的军队，浩浩荡荡地来到了黄池这个地方。他给天下的诸侯发去约请的帖子，让各个诸侯来到黄池，从而迫使他们推荐他做大家的盟主。

当各个诸侯来到后，为了显示自己的实力，吴王夫差用了一个晚上的时间，就把他 3 万大军分成了左、中、右三路，每一路有 100 行，每一行有 100 人，各路军队摆成一个方阵，他亲自举起了斧头，以熊虎为旗号，指挥中军前进。中军的全体将士都穿着白色的战袍，披上了白色的铠甲，打着在风中飘扬的白色旗子，插起白色的箭翎。从远处望去，这中军犹如遍野盛开的一片茫茫的白色花。左军的 1 万将士一律身着红色的战袍，披上红色的铠甲，打着红色的旗子，插起红色的箭翎，远望去犹如一片熊熊燃烧的大火。右军则全部都用了黑色，好像天空中的乌云一般降落在地。三路大军，行驶到会盟的地点，摆开了阵势。那时候天刚刚露出亮光，吴王夫差亲自鸣金击鼓发出号令，3 万人同时大声呐喊，声音穿透了天空钻透了大地，到了每一个人的心里面，那天崩地裂般的情形把每个诸侯都吓破了胆。

各路诸侯看到吴国军队是如此的强大，便答应了吴王夫差的要求，大家都不敢与吴王夫差争斗了，一起推他做了春秋的霸主。吴王夫差的霸主地位正是建立在他如火如荼的军容的基础上而得来的。

春秋时期的建筑

视角延伸

吴王夫差

夫差，姬姓，是春秋时期吴国第二十五任国王，在位时间为公元前495年一公元前473年。夫差也是春秋战国时吴国末代国君。当时领兵征战的夫椒是一个固执的人，不喜听人意见。他在位的第二年，在夫椒打败了越兵，又乘胜攻入越国都城，迫使越王勾践退保会稽山。但不听伍子胥的劝告，擅自与越国讲和。于是夫差带领吴军北上，征伐鲁、齐等国。在位10年，在那建都城，开凿水渠，连接了长江和淮河水，想争霸中原。在位11年的时候，夫差从海上征伐齐国，同时也从陆地上对齐国进行夹击，使用这样内外进攻的方法最后收服了齐国。在位14年的时候，夫差和晋、鲁等国在黄池相会。当时正是吴国与晋国相战争夺中原霸主的时候，夫差带领吴兵大量积滞于此，导致吴国国内防守空虚，越王勾践带兵趁虚而入，进入吴都，打败吴军，并杀死了吴太子。在黄池的夫差得知这一噩耗匆匆忙忙班师回朝，结果不敌，与越议和。但结果可想而知，吴国遭到了重大打击，没多久，楚国与越国接连攻打吴国。夫差在位23年，吴国的都城被勾践带兵攻破，吴王夫差眼见复国无望，自杀而亡。就这样，吴国灭亡了。

5 水深火热

娓娓道来

水深火热这个成语的意思是：如掉进了特别深的水里面或者掉进了熊熊烈火中一样感到难受。现在用这个成语来比喻人民生活极端痛苦。

2000多年前的战国时期，在我们中华大地的北方，就是现今河北，有一个弱小的国家叫做燕国。燕国国君为了壮大自己的国家，便实行了改革运动，就把自己的王位让给了丞相子之，大将军市被和公子子平都不服气，想把王位从子之手中夺回来，于是这两个人就率领了军队攻打子之，因此内战就爆发了。

燕国因为战争，国家乱成了一窝蜂，在南方的齐国看到这个情景就趁虚而入，想借着这个机会消灭燕国，霸占燕国的土地。当时，齐宣王派遣大将匡章率领了10万大军来攻打燕国。由于燕国的老百姓对早些时候发生的内战十分不满，就不愿意出力抵抗齐国的侵略，因此在燕国兵临城下的时候竟然出现了“士卒不战，城门不闭”的局面。燕国有的地方的老百姓反而打开城门迎接齐国军队并且还给齐国军队送东西，以此表示对齐国军队的欢迎。所以匡章仅仅用了50天的时间就攻下了燕国的国都。齐军占领了燕国国都后就不想走了，又加上匡章不管理军队，许多齐国士兵就干起了烧杀抢掠的勾当，给燕国人民带来了深重的灾难，所以燕国的人纷纷起来反抗齐国。

在齐国，齐宣王听说了这些事情，就请教前来游说的孟子：“有人来劝说我不要吞并了燕国，可有的人却说我一定要占领燕国，我到底该如何办才好呢？”

孟子回答他说：“如果齐国吞并了燕国，当地的老百姓感到高兴，您就吞并它。古人也有过这样的先例，周武王吞并商就是这样。”

孟子接着又说：“要是您吞并了燕国，燕国的老百姓并不感到高兴，那就不要吞并它。这样的事情，古人也是有先例的，周文王就这样办过。”

孟子

孟子举过这两个例子后，又解释道：“当初齐军攻打燕国的时候，燕国百姓给齐军送饭送水表示欢迎，那是因为燕国的老百姓想摆脱内战带来的痛苦生活；可是现在由于齐国占领了燕国，让燕国老百姓生活在水深火热之中，他们现在一定又想着别的国家派军队来拯救他们了。”

孟子这么一说，齐宣王就从燕国撤了兵。

视角延伸

孟子

孟子，名柯，字子车，是战国时期邹国人，是鲁国庆父的后裔。孟子是中国古代著名的思想家和教育家，是战国时期儒家的代表人物，其著作有《孟子》一书。孟子继承并发扬了孔子的精神，是仅次于孔子的一代儒家宗师，被人们称为“亚圣”，与孔子合称为“孔孟”。孟子在政治上主张法先王，行仁政。孟子认为，无论是高高在上的皇亲国戚还是普通老百姓，只要触犯了法律，就应该一视同仁地采取惩罚，王应该心怀仁慈，心怀百姓，施行利于老百姓的政策，让老百姓能过上安居乐业的生活。

在学说上，孟子推崇孔子，反对杨朱、墨翟的学说。他曾游历于齐、宋、魏、鲁等国，将孔子的学说传扬开来。但孟子的仁政学说被认为是“迂远而阔于事情”，没有得到统治者的采用，没有施行的机会。于是孟子退居讲学，和他的学生一起研讨仁政之类的思想。孟子的哲学思想的最高范畴是天。他继承了孔子的天命思想去除了其中残留的人格神的含义，把天想象成是具有道德属性的物质实体。孟子说：“诚者，天之道也。”他把诚这个道德概念规定为天的本质属性，认为天是人性固有的道德观念的本原。孟子的所有思想，包括政治思想和伦理思想都是在这个范畴里的。孟子3岁的时候，他的父亲就去世了，由母亲一人辛苦抚养长大。孟子的母亲对他的管教很严，希望他能成为有才之人，所以才有后来的“孟母三迁”、“孟母断织”的典故，成了后世母亲教育孩子的典范。

6 玩火自焚

娓娓道来

玩火自焚，这个成语的意思是：点火害人，却烧了自己。用来比喻做坏事，干害人的勾当，最终将自食其果。

关于这个成语有一个古老的故事。在春秋的初期，有一个卫国，卫国的公子竟然在大众场合宣布刺杀自己的哥哥卫桓公。为的是夺取卫桓公的权力，自己当国君。后来他成功地杀死了自己的哥哥，当上了卫国的国君。自从他执政之后，一方面恶狠狠地搜刮民脂民膏迫害忠良，另一方面又勾结其他国家一起攻打郑国，以此来树立自己的威望，转移国内老百姓对他的敌对情绪。

鲁国的隐公得知了这个人的卑鄙行径，就问他的朋友，他是不是能取得成功。他的朋友告诉他，卫国公子是不可能成功的。因为武力战乱给老百姓带来了深重的灾难，一时间民不聊生，老百姓都从心里面痛恨他。另外他亲手杀死自己的哥哥，这样的人连禽兽都不如，早就失去了民心和道义，人们都想把他杀掉。一个人在众叛亲离的状态中，怎么可能取得成功呢？

隐公的朋友接着说，兵就像火一样。如果老是用兵却不知道节制和停息，结果是熊熊大火，个人不能控制，引火烧身。所以等待卫国公子的下场就是身败名裂，死无葬身之地。

果然卫国的老百姓团结在一起，最终一举打败了卫国公子，把他的尸体抛弃在深山里面，被野兽吞食干净。

视角延伸

玩火自焚的太郎

在一望无际的大草原上，生活着一群野蛮人，他们不穿衣服，不吃熟的食物，就如野兽一样生活。可是他们有自己的国家和首领，首领是他们心中的神。

首领的名字叫东泽太郎，他是一个狡猾恶劣的人，因为他曾经外出，到了不少地方，学了许多计谋。他为了让全体的野蛮人都听从自己的话，便利用大家不谙世事，没有多少文化，宣传自己是一个全能的神仙。因为他从文明社会带来了手电筒还有打火机，手电筒能够在夜晚发出光芒，就如一条无形却能看得见的长棍。东泽太郎就利用这把手电筒在夜晚恫吓大家，让大家拜他为神，并称呼他为：万岁。

东泽太郎把手电筒照到每一个人的头顶上，说是上帝带来的命令，让每一个人都要听从自己的话，并且命运也要归顺他。这样大家把自己家里面的好吃的、好玩的、还有很多财产都集中到东泽太郎面前，让东泽太郎享用。东泽太郎就利用手中的打火机点燃了一座草垛，草垛便在风中燃烧起来。东泽太郎便一个人烤羊肉烤老虎肉吃起来。大家闻到这种香气，肚子都咕咕地叫起来，想从东泽太郎那里讨得一些吃的。可是没有人敢走向前去，因为大家都害怕这个能让草垛燃烧还能传达上帝旨意的神仙。大家在旁边看着东泽太郎一人吃着他们从森林里面冒着生命危险打到的猎物，心里面愤愤不平，可是又没有好办法，只好都饿着肚子回家睡觉了。

就这样，每天晚上东泽太郎就把大家召集在一起，吃大家的东西。边吃边咂着嘴，还对着大家疯狂的嘲笑。有时候他还把小孩子架在烈火上烤着吃，大家都敢怒不敢言。

就这样过了有一个月的时间，由于手电筒没有了电，那天晚上东泽太郎没有办法传达上帝的旨意，只好把昨天晚上剩下的东西烤着吃掉。其他的人都感到非常高兴。

又过了一段时间，打火机也不能打出火了，大家就合伙把东泽太郎杀掉了。从此大草原上的人又开始了幸福的自由的生活。大草原的老百姓也学到了一个道理：这个世界上根本就没有谁能代表上帝，如果谁说自己能代表上帝代表正义，这个人就是居心不良，应该得到死罪。从此，大草原上的人再也不盲目地相信和害怕谁了。

7 火眼金睛

娓娓道来

火眼金睛这个成语的意思是指，眼睛在火里面炼制后，变成了能够识别妖魔鬼怪的眼睛。关于这个成语有一个有趣的故事，就是齐天大圣孙悟空被太上老君锁在八卦炉中修炼了七七四十九天的故事。

由于孙悟空法力无边，没有什么刑法能杀死他。比如什么刀砍、雷劈、电打等，都不能奈何孙悟空。正当玉皇大帝这个蠢蛋愁得眉头紧紧皱在一起像一块肉疙瘩的时候，太上老君这个白胡子老头生出了一个鬼点子。他说把孙悟空放到自己的炼制丹药的八卦炉中，炼制后一定能够把孙悟空降服。因为他觉得自己的八卦炉里的三味真火是天下无敌的。所以孙悟空被关在了八卦炉中，太上老君昼夜不睡，坐在八卦炉前面施展法力。

刚开始的时候，由于太热，把孙悟空的衣服都给烧烂了，眼睛也被烟雾迷住，好像瞎了。孙悟空就很恼怒，在八卦炉里面大骂太上老君和玉皇大帝这两个卑鄙的人。孙悟空一个人被 10 万天兵天将欺负，还被锁在太上老君的炉子里面烧烤，真是晦气极了。孙悟空当时在炉子里面想，等会儿

孙悟空

把自己就要被烤熟了，不知道玉皇大帝那老王八蛋会不会吃了我。哎呀，真是倒霉啊，想我一个齐天大圣却在一个八卦炉子里面挂了，真是太没有面子了。所以孙悟空就努力地睁开了眼睛，与大火抗衡，并不停地转动身体。就这样过了七七四十九天，孙悟空炼成了火眼金睛，打破了太上老君的八卦炉，大闹天空。如果不是玉皇大帝请了如来助阵，说不定这个天庭就会归孙悟空了呢。

后来孙悟空保佑唐僧西天取经，有了这双火眼金睛，所有的妖魔鬼怪都不能逃脱他老孙的眼睛。可见孙悟空也是因祸得福了。

唐僧师徒雕像

视角延伸

火眼小蚂蚁

有一只蚂蚁生下来就跟别的蚂蚁不一样，浑身通红，当天黑的时候，他就会从眼睛里面喷出一团小小的火苗，样子十分吓人。所以别的蚂蚁都叫他火蚂蚁，没有人愿意跟他在一起玩耍，因为都害怕被他的火烧伤。

火蚂蚁没有事儿做，没有朋友，也不能上学。连他的爸爸妈妈都害怕他，怕他在晚上把家里值钱的物件给烧坏了，怕他烧伤了其他的兄弟姐妹。所以当火蚂蚁还很小的时候，就被大家遗弃了，火蚂蚁被大家装在一个铁盒子里面扔进了一条小河里面。

铁盒子没有空隙，所以火蚂蚁在里面没有办法逃出去，就漂在小河上，随着河流漂向了远方。这条小河是通向大海的，它要经过许多瀑布，许多峡谷，最后才能到达大海。

火蚂蚁用自己的身体发出的光在铁盒子里面生活着，因为他的父母给他在铁盒子里面放了几块饼干，所以火蚂蚁还能吃上东西。可是没有水喝，所以火蚂蚁就特别着急。当铁盒子要经过一条大瀑布的时候，火蚂蚁就发火了，用眼睛里面喷出的大火，烧透了铁盒子，进入了瀑布里面。瀑布的水流很急，火蚂蚁被冲到了水底，一时间不能呼吸，所以火蚂蚁又发火了，从眼睛里面喷出的火，不一会儿就把这里的水全部都烤干了。火蚂蚁从地上爬起来，看到周围都燃烧起了熊熊大火，便很后悔刚才的火气太大了，到了现在自己连水都喝不上了。他口干舌燥地趴在一块石头上，看着干涸的河道，想起了狠心的父母，伤心地哭了起来。他一哭可了不得了，他的眼睛里面竟然流出了汩汩的溪流，可是他不知道，只是越哭越是伤心。到了最后，他的眼泪又流成了一条小小的溪流，把他漂浮了起来。

火蚂蚁在自己眼泪流成的水里面，漂向了远方，漂向了浩淼的大海。没有人知道火蚂蚁最后是不是得到了幸福的生活，没有人知道他去了什么地方。有人说他到了大海，跟大海的龙王的女儿成了好朋友；也有人说，他的父母后来良心发现，又来寻找他，他回到他的家乡过上了普通蚂蚁的生活。不管怎么样，我们都可怜这只会喷火，也会流出河流一样泪水的小蚂蚁。

8 火中取栗

火中取栗，这个成语的意思是：比喻冒了风险替别人出力，自己却吃了苦头，到头来一无所获。与之词义相反的就是探囊取物。

娓娓道来

猫

关于这个成语有一个有趣的故事，故事的名字叫《猴子与猫》。猴子与猫是好朋友，一起陪着爱睡大觉的主人科比游走世界。猴子会爬树，猫也会爬树；猴子会倒立着头走路，猫却不会。所以猫就很佩服猴子。猴子呢，它是一个特别狡猾的家伙，当它看到了猫特别佩服自己的时候，就生出了很多鬼点子来欺骗猫对它的感情。然而猫呢，对于猴子的心怀鬼胎没有一点觉察，反而认为猴子就是自己最好最好的朋友。猴子叫它干啥它就干啥。

有一次主人睡着了，火炉子上烤着主人准备的晚餐栗子，香喷喷的味道让猴子和猫怎么也不能安生。可是火炉子上的火太大了，要不然猴子早就把栗子偷偷地拿走自个儿去吃了；猫也想吃，可是它只是想一想而已，并没有去做的意思。可是猴子走到猫面前说："亲爱的朋友啊，请帮我把炉子上的栗子拿下来好吗？"

猫说："那是主人的，我们不应该偷吃。"

猴子听了不高兴地说："不，那是我的，主人给我的，我看你可怜就想

猴子

同你分享，所以你应该帮我把栗子拿下来作为回报。你不是一个忘恩负义的人吧？”

猫听到这一席话就不好再说什么了，它不喜欢别人以为它不讲义气，另外它不希望猴子不喜欢它，所以它就走到了火炉子跟前，伸出了它毛茸茸的小爪子，慢慢地朝栗子靠近。

很倒霉的是，猫没有想到那火遇到了自己的爪子竟然变大，一下子就烧了起来。猫强忍住疼痛，把栗子取了下来，扔给了猴子，自己疼得在地上打起了滚儿。这个时候，猴子就跑到一个隐秘的地方，一会儿就把栗子吃了个干净。

当猫问猴子那些栗子哪里去了的时候，猴子就说：“栗子啊，栗子都有你猫爪子上毛燃烧后的味道了，不能吃，都让我给扔了。”

猫的爪子已经被烧伤了，还没有吃上栗子，可真是倒霉。它不该轻信猴子的话呀！

为人作嫁

为人作嫁的原意是指穷苦人家的女儿没有钱置办嫁妆，制作嫁衣，却年年辛苦地用精力为别人制作嫁衣。后来由此演变为代替别人劳苦出力，最后自己却两手空空，什么也没得到，含有些许贬义。为人作嫁出自唐代秦韬玉的《贫女》一诗，内容是：蓬门未识绮罗香，拟托良媒益自伤。谁爱风流高格调，共怜时世俭梳妆。敢将十指夸针巧，不把双眉斗画长。苦恨年年压金线，为他人作嫁衣裳！在古时，物质贫乏，也是因为中国的传统，未嫁的女子在确定婚期之后，其嫁衣都要自己动手缝制，以表现新娘人选的心灵手巧与持家技能。但如果是贫困的人家，可能连一生一次的嫁衣也没有能力置办，她们即使拥有过人的缝制技术也无从施展。而有钱人家的女孩子不用亲自动手去缝制，只需支付一点小钱就可以将这一重任交给这些贫困人家的女孩子去做，每当拿起针线，看着华美的布料，贫困人家的女孩子心中总会感慨万分。年年这样重复替他人缝制美丽的嫁衣，却没有一件是真正属于自己的，想起来都会觉得心酸不已。

视角延伸

9 水火不相容

娓娓道来

水火不相容，这个成语的意思是：水和火难以相融合。用来形容人和人之间的关系不融洽、意见不合、不能相容。也用来比作："水火不容"

三国时期在蜀国大将魏延，这个人很有军事才能，但天生火爆脾气，平时飞扬跋扈，对待他人一点都不讲礼貌。其他的人见到他是这样的人，都避而远之，不想沾惹是非。只有杨仪这个人不肯迁就他，对他的不讲是非曲直和暴躁脾气抗衡。杨仪是蜀国文官，也很有才干，善于筹算粮饷，既敏捷又准确，但秉性狭傲，不能容人。

两个时常发生口角，有时候甚至发展到大打出手。别人都说这两个人一个人是火，另一个是水，他们俩是水火不相容。诸葛亮深知杨、魏不和之事，但器重两人

赵子龙画像

的文武才干，不忍有所偏废。

诸葛亮最后一次北伐时，仍以魏延为先锋，在亮大营前十里驻扎。魏延既勇猛，又善抚养士卒，但性情高傲，同僚对他都很容让，只有丞相长史杨仪不买他的帐，魏延对此十分恼火，有时持刀威胁杨仪。

诸葛亮临死前，也特地同杨仪、费祎、姜维等商定身后退军的事情。诸葛亮死后，杨仪等准备按计划，诸营依次退军。魏延听说后大为恼怒，不想受到长史杨仪的约束，趁杨仪等尚未动身时，自己率军先走，还烧断了经过之处的阁道。

杨仪为正军威，派马岱杀了魏延，平定了局势。真是水能灭火的例子，也说明了这两个人就是水火不相容的道理。

视角延伸

大将魏延

魏延字文长，是义阳（今河南省信阳市）人，三国时期蜀汉名将。他以部曲身份跟随刘备入蜀，“数有战功”，深受刘备的信任，后来刘备攻取汉中，提拔魏延为督汉中镇远将军需要大将镇守。在蜀汉建立后又被提升为镇北将军。此后魏延跟随诸葛亮北伐，曾带领士兵大战魏将郭淮等人，战绩斐然。因为表现突出，魏延又被提升为征西大将军。

在历史上，魏延也算得上是文武双全之人，他曾向诸葛亮提出著名的奇袭长安“子午谷奇谋”，但遭到了诸葛亮的反对。

传奇五

秦时明月汉时关——古今趣谈

1 只许州官放火，不许百姓点灯

娓娓道来

当官的可以杀人放火为非作歹，却不允许老百姓点灯照明。比喻专制的统治者可以作奸犯科，可是广大的老百姓却连说话的权力都没有。

灶爷灶婆

古时候，有一个州的太守叫田登，做官风格专制蛮横，因为他名字里面有一个“登”字，他就下了命令，只要是和“登”字同音的字都不许百姓谈及。如果那一个胆敢提到和“登”字同音的字，就犯了王法，就要蹲监狱，受到严厉的刑法。还要被扣上“侮辱地方长官”的罪名，重的就会被判刑入狱，轻的也会挨板子。有不少的小官儿和老百姓因为触犯了这条戒律就被打得头破血流。

元宵佳节的到来，按照中国风俗习惯，州城里面要放三天的焰火，点三天的花灯表示庆贺。州衙门也会张贴出告示，通知老百姓前来观看花灯。

可是这一次不同了，田登却发布命令，禁止点灯，只是说放焰火。这是为了避讳自己的名字。老百姓都很气愤，可又敢怒不敢言，大家凑在一起聊天的时候就有人说了："现在是，可以州官放火，不许百姓点灯啊，这是什么世道啊！"

后来人们对于当官的放纵自己的行为，却禁止平民百姓做正当的事情、说正当的话的人，就会说这个词来表示心中的不平。

视角延伸

古代名字避讳

避讳是中国古代社会的一种特有文化现象，是封建统治者为了显示威严，规定人们在说话、行文或中不得直呼其名和直写其名，以别的字来代替；取名时也不能取与统治者名字中同一、同音字；在民间，晚辈也不得直呼长辈的姓名。这个制度大约从周朝开始，成熟于秦朝，兴盛于唐宋时期，到了清朝更加完善、严密。如果犯禁，轻则受罚，重则有杀身之祸。

避讳制度有时到了很荒唐的地步。比如，唐朝著名诗人李贺因为父亲名叫李晋肃，“晋”与进士之“进”同音，而终身不应进士之试。还有的人因为父亲名与“糕”、“高”同音，就不忍食糕。

2 抱薪救火，薪不尽，火不灭

娓娓道来

在中国古代春秋战国时期，诸侯国通过自身的发展达到了吞并其他国家的能力，征战的名义总是行仁义之师，但无非是大国打小国，强国欺弱国。

在兵荒马乱的战国时代，秦国很强大，总想着去侵占魏国。在等到魏国的安釐王即位后，秦国就进行了一轮又一轮的进攻，魏国连连战败。在安釐王元年，秦国进攻魏国，魏国战败，被秦国占领了两个城镇；第二年，秦国又占领了三个城镇。不仅如此，秦国的军队当时已经驻扎在魏国的都城之下，形势十分危急。当时魏国的盟国韩国派兵来救，但力不从心，也被秦军打败了。魏国损失惨重，已经无力反抗，只好对秦国妥协，割让了很多土地才平息了战争；谁知道到了第三年，秦国贼心不死，又对魏国发动了猛烈的进攻，这次秦国强占了魏国的两个城镇，并杀死了数万人。待到第四年，秦国更加肆无忌惮，出兵打败了魏、韩、赵三个国家，杀死兵士 15 万人，魏国的大将芒卯也因此失踪。

魏国军队的节节败退，使安釐王坐立不安。正在这时，魏国军队的另一位大将段干子也十分恐惧。为了保存自己的实力，便向安釐王建议，把南阳送给秦国，请求罢兵议和。安釐王本来就对秦军的进攻十分害怕，以为割让土地就可以求得太平，便照着段干子的话做了。

当时有个人叫苏代，是苏秦的弟弟，一直主张“合众抗秦”。他也极力主张各诸侯国联合起来抵抗秦国，但他一直得不到重用，当苏代得知魏国割地求和的事后，就对安釐王说：“侵略者都是贪得无厌的，你想用领土、权利，去换取和平，是办不到的。只要你国土还在，就无法满足侵略者的欲望。这好比抱着柴草去救火，柴草一把一把地投入火中，火怎么能扑灭呢？柴草一天不烧完，火是一天不会熄灭的。”尽管苏代讲得头头是道，但是胆小的安釐王只顾眼前的太平，一味地委屈求和，根本不听苏代的话，

苏武牧羊

还是照原来的想法将魏国大量的土地割让给了秦国。终于，在公元前225年，秦军又向魏国大举进攻，将魏国的国都大梁都包围了，并且挖开了黄河大堤让洪水淹没了大梁城，魏国因此消亡。

这则故事告诉我们，对待出现的问题，应该理智地采取行动，看清事实的本质，采用正确的方法，而不是盲目错乱，自乱阵脚，否则问题会越变越复杂，难以解决。

视角延伸

战国时代

战国时代是中国历史上一个重要的时期。战国时代有广义与狭义之分，广义的战国时代指公元前475~公元前221年，而实际上具体时间应该是从韩赵魏三家分晋至秦始皇统一天下为止，即公元前403年~公元前221年。战国时代是中国古代重要的历史时期之一，题时间线处于东周末期。战国时代是华夏历史上分裂对抗最严重、也是最持久的时代之一。春秋之后，也就是周朝的后半期，进入了七国争雄的时代，直到公元前221年，秦始皇统一六国。战国时代，魏、赵、韩、齐、楚、秦、燕这七个诸侯强国，即战国七雄，连年征战各自为王，都想通过战事吞并他国来强大自己。由于秦国的商鞅变法发挥了富国强兵的作用，秦国发展得很快，直到后来逐一吞并了六国，完成了“秦王扫六合”的统一六业，形成了“海内为郡县，法令由一统”的统一国家。

烽火连三月，家书抵万金

3

娓娓道来

在中国古代的医术占卜中，就有五行相生相克的理论，火作为一种元素充斥其间引起了世界美妙的千变万化。

很久以前，天上有个大神叫伏羲，他看到人间生活得很艰难，心里很难过，他想让人们知道火的用处。于是伏羲施展才能，让山林上空雷电交加。天空闪电不断，突然，一道响亮的雷电劈在了树木上，没多长时间，这些树就燃起了熊熊大火，看着很吓人。人们被雷电和大火吓坏了，不管不顾地到处逃跑。不久，雨停了。夜晚来临，因为下了大雨，大地又湿又冷。为安全起见，人们又重新聚到了一起。人群里有个细心的年轻人发现，几乎每天晚上周围出现的野兽的嚎叫声现在没有了，他心里想："难道野兽怕这个发亮的东西吗？"于是，他犹豫着走到火边，火光照耀着他全身，在这冰冷的夜晚他此刻却感到温暖极了。像发现了新大陆一样，他兴奋地呼唤大家："快来快来，这些亮着的东西会让我们很温暖！"在大家高兴地烤着火的时候，一阵阵香味扑鼻而来，原来是不远处有些被大火烧熟了的动物，大家都感到很不可思议。但美味是很难抗拒的，人们拾起了这些被烤熟了的动物，围在温暖的火堆边，边烤着火边吃着熟食，感觉棒极了。从此以后，这些人们感到了火的可贵，他们拣来树枝，研究并点燃了它们，还每天安排人轮流守着火种，不让它熄灭。可是有一天出了意外，守火的人不小心睡着了，好不容易点着的火就这么灭了。于是人们又重新陷入了黑暗和寒冷之中，痛苦极了。

在天上的大神伏羲看到了这一切，他感到于心不忍，于是悄悄进入到最先发现火的用处的那个年轻人的梦里，告诉他："在遥远的西方有个遂明国，那里有火种，你可以去那里把火种取回来。"年轻人醒了，想起梦里大神说的话，决心到遂明国去寻找火种。年轻人历尽千辛万苦，终于来到了遂明国。但是这里没有火，一片黑暗。年轻人感到非常失望，就坐在一棵叫"遂木"的大树下休息。就在这时，年轻人发现有东西在不远处发光，一闪一闪的。他很好奇，立即站起来去寻找那些光源。找来找去，最后他发现就在遂木树上，有几只大鸟正在用短而硬的喙啄树上的虫子。只要它们一啄，树上就闪出明亮的火花。年轻人看到这种情景，心里顿时开朗起来。他立刻弄来一些遂木的

诗圣——杜甫

树枝，用小树枝去钻大树枝，树枝上果然闪出火光，可是却着不起火来。可年轻人并不感到灰心，他找来各种各样的树枝，耐心地用不同的树枝去钻大树枝。终于，树枝上冒烟了，火苗也出现了。年轻人高兴极了。不久，年轻人就回到了家乡，他用自己发明的方法为人们带来了永远不会熄灭的火种——钻木取火的办法，自此以后人们再也不用生活在寒冷和恐惧中了。年轻人的勇气和智慧让人们感到钦佩，人们便推举他做首领，为他取了个名字叫“燧人”，也就是取火者的意思。他的故事也一直流传着。

在中国古诗词中“烽火连三月，家书抵万金”是杜甫《春望》中的诗句。这是一首五言律诗，作于唐肃宗至德二年。当时长安被安史叛军焚掠一空，满目凄凉。杜甫眼见山河依旧而国破家亡，悲凉之感无以抒发，作“烽火连三月，家书抵万金”诗句的意思是：连绵的战火已经延续了半年多，家讯难得，以一信做此诗抒怀。

杜甫当时身处战乱年代，当时安禄山起兵反唐，但因为唐玄宗太过于宠爱杨贵妃，听从了杨贵妃哥哥杨国忠的话，将把守潼关的哥舒翰派到关外攻

锦绣江山

打叛军大本营。但很不幸的是，哥舒翰在途中被俘。安禄山没有了劲敌，没多久就攻下了长安。唐玄宗带着妃妾皇子，与大臣们逃往灵武。没多长时间，唐玄宗退位，其子李亨在灵武称帝。唐肃宗至德元年（公元756年）八月，度日艰难的杜甫从鄜州（现在陕西富县）前往灵武（现在属宁夏）投奔唐肃宗，但意外在途中被叛军抓去，后被困居住在长安。

无论什么朝代，战争都会让很多人家破人亡，这时人的思乡之情便会更加浓郁。当家人离散时，最珍贵的，莫过于听到关于亲人的消息。一句平安就能让处在战乱中的人们感到欣喜。杜甫深有体会，话由心生，将浓浓的思念之情泼墨于纸上，千古流传。

唐玄宗与杨贵妃画像

视角延伸

杜 甫

杜甫字子美，自号少陵野老，巩县（今河南省巩义市）人，是盛唐时期伟大的现实主义诗人。杜甫的诗作很多，大约有1500首被保留下来，在中国古典诗歌中的影响非常深远。杜甫生在有文学传统的家庭中，是著名诗人杜审言的孙子。杜甫自小聪颖，7岁学诗，15岁便声名远播。但他一生并不得志，只做过一些左拾遗之类的小官，虽然当时在唐朝并未受到重视，杜甫还是被后人称之为“诗圣”。由于经历了唐代由盛到衰的过程，其诗更多的是对国家的忧虑及老百姓的困难生活的同情。他所写的诗全方位反映了“安史之乱”前后的唐王朝的社会面貌，他的诗也被称为“诗史”。

杜甫与李白合称“李杜”，为了与另两位诗人李商隐与杜牧即“小李杜”的区别，杜甫与李白又合称“大李杜”。杜甫在唐肃宗元年秋，因直言进谏，触怒权贵，被贬为华州司马参军，负责祭祀、礼乐、学校、选举、考课等事。尽管个人遭遇不幸，但杜甫无时无刻不忧国忧民。当时正值安史之乱，杜甫时刻注视着时局的发展，为剿灭安史叛军献策，考虑如何减轻人们的负担。后来唐军大败，杜甫从洛阳返回华州的途中见到战乱使得人民民不聊生，感慨万千，便写下《三吏》和《三别》，咏叹国难民苦。当年立秋，杜甫便因对时政的痛心疾首，辞去了华州司功参军的职务，去了秦州（今甘肃省天水市一带）。

4 日出江花红胜火

娓娓道来

中国古代文人中，对于文字的考究和用法相当纯熟，这些都可以在唯美的古诗词中找到，比如“火”。“日出江花红胜火”这是唐朝诗人白居易的《忆江南》中的一句诗，整首诗为：“江南好，风景旧曾谙；日出江花红胜火，春来江水绿如蓝。能不忆江南？”

白居易曾在江南杭州和苏州做官，当地群众很敬爱他。这首词是他对独特的江南景物的回忆。这首词就是写春天日出时的江南风光。江南风光之美，是因为她的娇媚明丽，而最让自居易感动的是美丽的碧绿的江水，还有那鲜红的江花。可以说，写江南的“日出江花”和“春来江水”，正是写最美的地方，最美的时刻，最美的景色。

后面形容花红和水绿的两句诗，都是比喻：春风吹拂的满江绿水，就像青青的蓝草一样绿；晨光映照的岸边红花，比熊熊的火焰还要红。这样形象的比喻，把江南的春天渲染得多么绚丽多彩，多么生机勃勃啊！那迷人醉人的春色，当年在苏杭是曾经游览过的，而今却没有那样的机会了。诗人不禁叹息地说：叫人怎能不怀念江南呢？结尾这个反问句，诉说了诗人对江南的深深的热爱，也激发着读者对那美丽风光的深深的向往。

诗中的“红胜火”是说花的颜色鲜红胜过火焰。白居易对江南的山山水水、一草一木都有着深厚的感情。他也与那里的人民结下了深挚的友谊，直到晚年回到北方以后，仍然恋恋不已。《忆江南》词就是这种心情下的产物。作品表达了诗人对祖国大好河山的热爱，对以后诗词的发展，也产生了积极的作用。

江南水乡

视角延伸

诗人白居易

白居易是中国唐代的著名诗人，汉族人，字乐天，晚年号香山居士，河南巩义(今河南省巩义市)人。白居易一生经历非凡，所作诗篇在中国文学史上久负盛名，是唐朝伟大的现实主义诗人，有“诗王”和“诗魔”之称。白居易的诗歌题材广泛，通俗易懂，代表作有《长恨歌》《卖炭翁》《琵琶行》等。白居易是新乐府运动的倡导者，主张“文章合为时而著，诗歌合为事而作。”他与云稹合称“元白”。白居易出生不久，河南一带便发生了战事，藩镇李正己割据河南10余州，战火持续了很长时间，老百姓民不聊生。

白居易2岁时，任巩县令的祖父猝于长安，不久祖母也病逝。白居易的父亲白季庚先由宋州司户参军授徐州彭城县县令，一年后因白季庚与徐州刺史李郁坚守徐州有功，升任徐州别驾，为躲避徐州战乱，白居易的父亲举家迁往符离，白居易的童年便是在此度过。白居易自幼聪颖，读书非常刻苦，即使口生了疮，手磨出了茧，也一直没放弃过，所以年纪轻轻就白了头。白居易写的诗歌多是感叹时事，反映人民疾苦的诗歌，对后世影响很大。他在元和时曾任翰林学士和左赞善大夫，但因得罪权贵被贬为江州司马。但他一生都没有放弃诗歌创作，其声名更是远播朝鲜和日本。在日本人心目中，白居易才是中国唐代诗歌的风云人物。

5 烽火戏诸侯，一笑失江山

娓娓道来

万里长城作为中国古代劳动人民的璀璨文化，最初的用途是抵挡外族侵略，也就是北方的蛮夷。狼烟的升起，表明已经有外族入侵。所以万里长城是漫漫中华历史文化中的一个最具代表性的象征。

烽火戏诸侯这句话有一个典故，说的是在周朝有个周幽王，他是一个非常残暴而腐败的君主，他有个爱妃名叫褒姒，长得非常美丽，《东周列国志》中有这样一段话来形容褒姒："目秀眉清，唇红齿白，发挽乌云，指排削玉，有如花如月之容，倾国倾城之貌。"褒妃虽然很美，但是"从未开颜一笑"。昏庸的周幽王特别想看看美人的笑颜，就向全国发放通告："谁要能叫娘娘一笑，就赏他一千斤金子"(当时把铜叫金子)。通告没多久就有人想出了一个法子，就是将战争所用的烽火台点上，然后看各路诸侯忙乱奔波而来的狼狈样，以此换取美人一笑。周幽王同意了。

在一天傍晚，周幽王带着爱妃褒姒登上城楼，命人将烽火点起。烽烟马上弥散开来，周边的诸侯看到了烽火，以为西戎(当时西方的一个部族)侵占国家，便急忙领兵赶到城下救援，可当诸侯们赶到那一看，城里灯火辉煌，鼓乐喧天。随后才知是周幽王为了取乐于美人而开的玩笑，各诸侯汗流浃背，狼狈不堪，敢怒不敢言，只好气愤地收兵回营。褒姒见状，果真淡然一笑。但事隔不久，西戎真的来犯，周幽王马上命人点起了烽火，可再无援兵赶到。原来各诸侯以为周幽王又在戏弄他们，没有出兵。结果可想而知，城楼被攻破，周幽王也被杀死了，从此西周也就灭亡了。

万里长城

视角延伸

周幽王与褒姒

周幽王与褒姒的故事自古以来就一直为后人津津乐道。在当时那个年代，周朝是一个很强大的国家，一些小国为了保住自己的利益，便对周幽王阿谀奉承，将貌美倾城的褒姒献给周幽王。周幽王是一个昏庸好色的君主，他一看到褒姒，就被她的美貌深深地吸引了，可以说是一见钟情。从此以后，周幽王对褒姒非常宠爱，她想要什么周幽王都会无条件满足她。而且，褒姒在不久后就为周幽王生了一个叫伯服的小王子，更是深得周幽王的宠爱。在那个年代，上自君王，下自百姓，都很相信天命，百姓看到周幽王被褒姒迷得全无管理朝政之心，都认为褒姒是个祸害君王的女人。

周朝的太史伯阳曾说过："祸成矣，无可奈何！"但即使很多人反对，周幽王依然我行我素，一如既往地宠爱着褒姒，甚至为了褒姒，做出了一些流传千古的笑话。因为褒姒长得漂亮而且不爱笑，但是一笑起来会更加媚人，《雕玉集》说褒姒不喜笑，但一笑有百二十种媚。周幽王特别喜欢美人的笑颜。因此，周幽王为了博得美人一笑，曾以千金之财征集能让美人欢笑的方法。这就是"千金难买一笑"典故的由来。但周幽王花了很多钱财，试了很多方法，命人为美人跳舞或做乐，甚至将华美珍贵的彩锦每日送给美人以供撕锦娱乐，可褒姒就是不笑。后来有个奸臣出了个馊主意，那就是"烽火戏诸侯"，结果昏庸的周幽王"爱美人胜过爱江山"，真的同意了。结果可想而知，没过多久周朝就灭亡了。

6 火神祝融

娓娓道来

火神祝融是神话传说中的古帝，以火施化，号赤帝，后人尊为火神。有人说祝融是古时三皇五帝三皇之一。住在昆仑山的光明宫，是他传下火种，教人类使用火的方法。另一说祝融原叫重黎，在担任火正官时，黄帝赐他姓“祝融氏”。

后羿射日

祝融长得很威武，不过性格很火爆，很爱发火。那时候燧人氏发明钻木取火，还不大会保存火和利用火。但黎却很擅长用火，在那个时候是了不得的事。所以，大家都很敬重他。有一

祝融峰

次，黎的爸爸带着整个氏族长途迁徙，黎看到带着火种走路不方便，就只把钻木取火用的尖石头带在身边。有一次他们氏族的人需要用火，黎就拿着石头在木头上钻火，可是钻了很久也不见有火，黎很生气，直接把钻火用的那块石头丢开，谁知石头正好敲在了地上的岩石上，“砰”的一声闪出了火光。黎因此发现了石头生火的方法。中原的黄帝知道黎会以石生火，觉得很神奇，于是就让黎当了掌管火的火正官。

关于祝融，还有另外一种说法。在尧帝时期，洪水泛滥，黎民百姓生活于水深火热之中。尧帝下令叫鲧(人名)去治理洪水，可是治了9年也没有成效。后来，鲧知道天上有一种称为“息壤”的宝物，只要用一点投向大地，

洪水泛滥

马上就会生长起来，积成山，堆成堤，于是鲧想办法到天上偷了息壤到人间。用它堵塞洪水，大地终于渐渐看不见洪水踪迹了。但是，天帝知道息壤被偷了，非常生气，就派火神祝融下凡，在一个叫羽山的地方把鲧杀死了，并夺回余下的息壤。天帝还命祝融监视人间治水，命他掌管一方水的大权。因为祝融属南方之神，所以就合水火为一神，兼任南海之神了。

因为民间有太多关于火神祝融的神话版本，所以一直争议不断。有人认为西南一些地区以燃烧的火焰或火塘作为火神的化身或象征，是火神的原始形态，与之匹配的仪式、祭祠和禁忌在内，其中所包含着的观念内涵体现了人们对火的作用既感戴又畏惧的双重认识，因而更多地保持了远古时代人类对自然力的崇拜的原始风貌。至于炎帝、燧人、祝融等司火之神，是战国以后才被创造出来的人格化火神；其他如火德真君、种火老母之类，均出于更往后人的编造。

伯鲧治水图

视角延伸

祝融与共工

在神话当中，有一个名叫共工的水神，他与火神祝融发生战斗，被祝融打败，结果就一头撞向不周山，不周山支撑着天穹，经不起共工的冲撞倒了，天破了个大洞。天火从九天之外倾泻到凡间，仁慈的女娲不忍看到人类受苦，就在九州找七彩石炼石补天。

其实在神话中，祝融和共工都是官职，又称火正和水正，司职与火神和水神一样。

对汉族而言，火神也是有区别的，人们一般把祝融称为火神，据说他本是颛顼氏的后代，本名重黎，

火神

也叫吴回，帝喾（即高辛氏，传说中古代部族的首领）当政时，官居火正，甚有功，能光融天下，帝喾乃命曰“祝融”，死后为火官之神。又相传，大禹的父亲鲧偷窃了天帝的息壤，天帝命祝融杀鲧于羽郊（《山海经·海内经》）；成汤伐夏桀时，天帝令祝融降火于夏城（《墨子·非攻下》），帮助成汤灭夏。在后世的民间传说中，祝融常以女子的形象出现，称“祝融夫人”。此外，民间俗信亦有以炎帝或燧人氏为火神的说法，如谓远古时燧人氏钻木取火，使人类进入熟食阶段，后人尊为火神，又称火德真君，定时祭祀。也有一些地区的火神崇拜并无具体来历，或称南方火帝君，或称种火老母等。以火神祭祀的日期与行事言，各历史时期和各地区的风俗也不一致。如上古时的火神之祭在夏天，汉晋以降，这一传统以夏季祀灶的方式得到延续。又如，四川等地以夏历四月初八为火神“生日”，届时士农工商进香并祀神或演戏娱神。鲁南地区以正月初七为祭祀火神之日，民间有组织‘火神会”的风俗，除去火神庙朝拜外，全体会员还要聚餐两次；此外，火神形象相貌凶狠，三头六臂，并有风火轮、火葫芦、火印、火剑、火弓等火器配备，酷似神话传说中“哪吒”的形态。

7 东晋阮光禄烧车

娓娓道来

原文为“阮光禄在剡，曾有好车，借者无不皆给。有人葬母，意欲借而不敢言。阮后闻之，叹曰：‘吾有车，而使人不敢借，何以车为？’遂焚之。”

阮光禄住在剡地的时候，曾有一辆很漂亮的车子。这辆车子的结构结实、造型美观，就连拉车的马的皮毛也是刷得平滑整洁。尽管阮光禄把这辆车子视若珍宝，但无论谁来借用他的车子，他都十分爽快地答应。

一次，阮光禄一位邻居的母亲去世了，在为母亲送葬的时候，邻居很想跟阮光禄借车子。但他转念一想，死人是很不吉利的事。最终，这位邻居放弃了向阮光禄借车子的想法。

后来，这件事传到了阮光禄的耳朵里。阮光禄叹息着说：“唉，我有车子就是为了方便大家，现在却让人不敢借用，还要这车子干什么！”说罢，阮光禄放火把心爱的车子烧掉了。

所有知道这件事的人无不感叹，阮光禄的确是一个品德高尚的人。

视角延伸

阮光禄与殷仲堪

阮光禄又叫阮裕，河南陈留人，与阮籍同宗。他生活在东晋时代，素以通情达理、爽快无私著称，官至侍中。这个官不大，但由于能够经常出没在皇帝身边，也是个重要的角色。不过，东晋时期皇帝无为，权力都集中在辅政的大臣手里，所以阮裕也没能有很大作为。而且阮裕为人清心寡欲，不求功名，所以任职了一段时间后，萌生了隐退的想法，便以身体不适为由，辞去了侍中职位去了会稽，也就是今天的浙江绍兴。在那里，阮裕置房布业，生活安定。当时的会稽，是东晋繁华富饶之地，阮裕在那也结识了不少名人。其间，朝廷曾任命他为金紫光禄大夫，但阮裕无心政治拒绝了。

殷仲堪是东晋陈郡人，曾任都督荆益宁三州军事、荆州刺史。他是一个清正廉洁的好官，百姓很爱戴他。在殷仲堪担任荆州刺史的时候，正好遇上水灾，粮食紧缺，他便做个好榜样，有时饭粒散落到盘席上，总要捡起来吃掉。他还常对弟子们说："不要因为我担任了大州的长官，就认为我丢掉了朴素的志向。如今我的抱负没有改变。安于清贫，是读书人的本分，怎能登上高枝就抛弃了根本呢？你们要记住这些话。"

8 火烧赤壁

娓娓道来

中国历史上有很多著名的以少胜多的军事战例，这其中就包含了三国的“火烧赤壁”。这个故事由来已久，却被人津津乐道，是个充满智慧的典故。

东汉武帝刘秀

在公元2世纪末，东汉由于治国不当逐渐衰落，经过很长时间的战争，曹操、刘备和孙权分别占据了中原、巴蜀和江东地区，其中势力最强大的属曹操。在公元208年，曹操准备充当，领军南下，打败了刘备，并且占领了至关重要的荆州地区，刘备没有办法只好退守夏口。曹操本来想将刘备一举消灭，同时将孙权所在的江东地区侵占，谁知刘备和孙权突然决定联合起来抗击曹军。当时曹操率领20多万大军从江陵沿江向东挺进，直达夏口。孙权和刘备联合5万人逆着江河北上，与在赤壁的曹操相遇。因为曹操的士兵常年生活在北方，水性不佳，初战失利，曹操只好领兵退回江北，与孙刘联军隔江对峙。曹操初战便打了败仗，心里很不甘，马上任命原来战败投降的荆州将军蔡瑁和张允训练他的北方士兵，没多久就有了不错的表现。当时孙权手下统兵的都督周瑜知道曹操的北方士兵在蔡瑁、张允的训练下，水上作战技术有所提高，心里很担心，于是苦思很久想出了一招离间计。曹操因为多疑中计上了当，以为蔡瑁和张允是敌军派来潜伏在曹军的奸细，马上将二人杀了，损失了两名良将。

诸葛亮雕像

当时刘备的军师是诸葛亮，足智多谋。周瑜与他合计，觉得曹操领兵数量多，战斗力强，要是与他们正面交战肯定难以敌对。于是他们商量对策，最后决定用火攻的方法。有一天，周瑜将手下大将都集合起来商量对付曹操的对策，谁知老将黄盖居然想不战而降。周瑜听后非常生气，命人将黄盖重打五十军棍。不久，黄盖就派人送信给曹操，表示想要投奔曹操。当时在孙刘军中埋伏的曹操奸细也发来消息说黄盖被周瑜重打，颜面尽失的消息，曹操因此打消了对黄盖投降的怀疑，欣喜不已。正巧，对军事很擅长的庞统来到曹营拜会曹操。曹操高兴极了，立刻向庞统请教一个他正发愁的问题，也就是曹操的北方士兵不会水上作战，还晕船生病。庞统思索一番，说：“这不是什么难事，只要把船用粗大牢固的铁链紧紧地将船连到一起，让船平稳如地就行了。”曹操照着庞统的建议做，果然效果惊人，战船用粗大的铁索相连后，无论风浪多大都如履平地。士兵们在船上也不会晕船了，战斗力马上得到了很大提高。曹操看了士兵的情况后很高兴，可军中的谋士却劝解他，说这个方法虽很好，但也存在着很大的隐患，如果敌军用火攻的话，恐怕难以抗击。曹操听了哈哈大笑，说："不必担心。我们在北边，他们在南边。现在是冬季，只有西北风，哪里有东南风？他们如果用火攻，岂不是烧了自己？"大家都觉得曹操说的很有道理，也就慢慢放松了警戒。

京剧中的曹操

一转眼就到了作战的时候，却突然刮起了东南风。聪明的诸葛亮善长观看气象，已经和周瑜商量好了对敌策略。当时曹操收到黄盖派人送来的信，已经带了将领站在船头等候黄盖带兵来降。没多久，黄盖就领着10多只小船，顺风驶来，曹操看到后非常高兴。10余只小船趁着风势，很快就到了曹操的战船前。谁知当黄盖靠近的时候，他的船突然燃起大火，原来船上载的全是柴草油脂等易燃之物。着火的小船借着东南风，一艘艘就朝着曹操的战船直冲过来。一眨眼工夫，曹操的战船马上就着起大火。士兵们顿时慌做一团，想将船驶出，却被粗大的铁链连着，怎么也断不开。看着火势越发凶猛，士兵们害怕了，纷纷逃亡。此时曹操也没了办法，也急忙弃船上岸，却看到岸上屯粮的军营已经被烧了，回天乏术，只好向北逃亡。孙刘联军乘势猛攻，一举打败了曹军。这就是火烧赤壁的故事。

视角延伸

观天象

在诸葛亮那个年代，人们对天文知识了解甚少。看到一种天象可以天花乱坠随意解释。大家都不知道是什么原因就觉得很害怕。比如历史上著名的秦始皇死前那次“荧惑守心”。人们看到火星走到心宿不走了，停在那儿好一段时间。而，心宿的主星心宿二与火星一样，也是颗红色亮星。人们疑虑会有血光之灾。结果没多久秦始皇就死了。于是人们更加相信这两者有联系。在现在，人们根据地球、火星轨道可以轻松算出前后数万年的“荧惑守心”。有了科学的解释，人们也就不会被迷信蒙蔽了。

9 西班牙火祭节

娓娓道来

西班牙是一个位于欧洲西南部的国家，西邻同处于伊比利亚半岛的葡萄牙，北濒比斯开湾，东北部与法国及安道尔接壤，南隔直布罗陀海峡与非洲的摩洛哥相望。

火祭节

“火祭节”是西班牙最具特色的节日之一。在西班牙的瓦伦西亚每年3月12日至3月19日都会举行传统的火祭节，这个时候人们为了迎接春天而放火。使用的祭品即所谓的雕刻且上过彩的木头或纸板雕塑。这些雕刻作品都会作为祭品在火祭节中焚烧。

其实，“火祭节”的传统最早起源于中世纪。当时，西班牙有一个很受人尊敬的保护神，名字叫“圣约瑟夫”，西班牙的木匠为了纪念他，便给他焚烧木制雕刻祭品来祭祀，从此西班牙形成了燃烧木制雕像的习俗，随着时间的推移，逐渐演变成现在的“火祭节”。

在“火祭节”中所用的祭品最早都是用木头和纸板雕像而成的。这些雕像形态各异，形状不一，稀奇古怪，形象多取材于神话中的人物，且极具讽喻性，带有较强的宗教色彩。在活动进行中，人们将雕塑一一陈列出来，在准备燃烧之前，人们要对所有雕像进行评选，其中最受欢迎的雕像将被保留下来，存于当地的博物馆中，供后人观赏敬拜。

西班牙木雕

视角延伸

西班牙斗牛

西班牙除了“火祭节”外，还有另一个著名的活动，每年都吸引了众多游客，那就是西班牙斗牛。一般来说，一场斗牛由3个斗牛士出场，每次与6条公牛决斗，每次两个回合。在西班牙，所有的斗牛表演都安排在下午举行。西班牙人对于斗牛特别热衷，这已经是根植于他们文化中的一种积极向上的精神。一旦有斗牛，西班牙人都会，兴致很高地观看。另外，鉴于西班牙多数地方的温带大陆性气候，部分地区的地中海式气候条件，所以斗牛一般都会选在每年的3月份至11月份之间阳光普照的时候进行。而参加斗牛的斗牛士都会有一套助手班子，分别是3个花镖手和2个骑马的长矛手。对于每场斗牛决战的结果观众都很难预料得到，因为它取决于诸多因素，如斗牛士的胆略和技巧，还有出场的公牛。这些公牛有些是由著名牧场培养的，非常凶悍，甚至威胁到斗牛士的生命，但也正因为难以挑战，人们更加热衷于斗牛活动。在斗牛的过程中，看客们会跟着斗牛士的表现或喜或悲，直接表达了内心澎湃的激情。从西班牙的斗牛活动中，人们可以感受到西班牙的传统文化，兼具热情与奔放，是一个很开放的国家。

10

陕北春节期间的跳火节

娓娓道来

中国幅员广阔，有许多有趣的风俗习惯值得关注，其中不乏关于火的习俗，正是由于这些丰富多彩的民族活动，构成了中国悠久灿烂的文化。

在中国的陕北有一个很特别的节日，每年的春节才能看到，那就是“跳火节”。既然是要跳火，就少不了要烧柴。按当地的风俗，跳火节所用的柴必须是当天从山里捡回来的木柴，不能用家里平时用的柴。所以，陕北的孩子们在这一天会早早地起床去野外拾柴，为了能让跳火节顺利进行，他们要捡很多木柴，但因为是节日，孩子们都会很兴奋，不知疲倦地将捡的木柴背回家里。·

在这个特别的节日里，陕北的街市上会有人摆卖很多很小的类似于娃娃的东西，这些娃娃一般都是用纸糊的，有男娃娃，也有女娃娃，每个都鲜亮喜人，俗称“干娃娃”。大人们会在孩子很小的时候给他们买这些纸娃娃，而且会给女孩买男娃娃，叫“干相公”，给男孩子买女娃娃叫“干媳妇”，寓意长大以后能早早成亲。

等到天黑之后，家家户户就开始着手准备跳火。大人们会在院子里放一大堆柴，在大门外的拿一堆小火到时供神跳。最特别的是，人们会将一撮盐以及旧锅刷、旧抹布在燃火前放入柴堆里。因为在过去的一年里，人们用它刷锅刷家什，因而冲撞了灶神，被认为是一种不干净的东西。在跳火时，把它们投入火中，使之随烟升天到灶神那里去谢罪免灾。当一切准备就绪后，由一家起火，其他人家便会纷纷点火。一时间，院里院外、村上村下，一片火光，照得满天彤红。随着火焰的升起，人们都跃跃欲试，争先恐后地在火堆里跳来跳去，一边跳，一边还念叨："燎干了燎干净，一年四季没病了。"因之，当地人将跳火节通俗的称之为"燎干"。

陕北风光

每一年我们总会遇到一些不顺心的事，于是“燎干”也就成了除晦之日，在那一天人们通过一次次的跳跃来“除去身上的晦气”，希望新的一年里可以顺顺利利的。

跳火节的最后一道程序是扬火观花看年成。跳完火后，家里主事人就把余下的火渣用铁锨扬起来，让旁边的人看扬起来的火花呈象形状。根据形状来预示来年年成，当然，这只是人们对来年有个好收成的希望而已。

陕北窑洞朱德故居

视角延伸

伊朗跳火节

不仅仅是在中国有跳火节，在伊朗也有跳火节，只是伊朗的跳火节与我国陕北的跳火节有着很大的区别。陕北的跳火节是陕北的人民为了祈祷明年有个好收成而举行的，伊朗的跳火节是伊朗的人民为了期盼愿望的实现而举行的，两个地方的跳火节目的不同。伊朗的跳火节相对简单一些。每年最后一个星期三（公历3月中旬）是伊朗的民族传统节日“红色星期三”，人们会为了庆贺燃烧火堆，这是节日喜庆活动的重头戏，因此外国人习惯称“红色星期三”为“跳火节”。

在伊朗，人们对水与火有着不同的见解。伊朗人认为水是圣洁吉祥的象征。很多企盼来年能有如意郎君登门求婚的闺中待嫁女会在跳完火后到泉眼或河边用水罐汲水回家，然后把水从自家房顶上倾泻而下，祈祷愿望成真。不同的地方有不同的民俗，很多是我们从未见过的。但是无论这些民俗以怎样的形式进行，方式有多怪异，我们都需报以客观的心态去面对，尊重地方人情风俗，大家和睦相处，只有这样，才有文化多样性，我们生活的世界才会丰富多彩。